Eberhard Urban

Die Eisenbahn als Filmstar

transpress

Einbandgestaltung: Luis dos Santos unter Verwendung von Abbildungen von Edward Broekhuizen (Foto Dampflok), Ernst Litter (Plakat Orient-Express) und Klaus Dill
Rückseite: Curvy film strip (©) Stockfoto, Deutsches Filmmuseum

Bildnachweis siehe Seite 159

ISBN 978-3-613-71 71511-0

1. Auflage 2015

Sie finden uns im Internet unter www.transpress.de

Lektor: Hartmut Lange
Innengestaltung: grafik+design Erlewein
Repro: grafik+design Erlewein
Druck und Bindung: Graspo, CZ-76302 Zlin
Printed in Czech Republic

ADLER

Das dramatische Filmplakat von Klaus Dill zu »12 Uhr mittags«.

Dem Künstler war vom Verleih der Name von Katy Jurado als Durado genannt worden.

ALS DIE BILDER LAUFEN LERNTEN ...

Die Kennzeichnung der Lokomotiven erfolgt durch die Achsfolge von vorn nach hinten. Laufachsen ohne Treibstangen werden mit arabischen Ziffern bezeichnet, angetriebene und Kuppelachsen mit Großbuchstaben. Im Hauptrahmen bewegliche Achsen sind mit einem ´ gekennzeichnet. Die beigestellten Abkürzungen, die der weiteren Definition dienen, bedeuten n = Nassdampf, h = Heißdampf, die arabische Ziffer gibt die Anzahl der Zylinder an, das kleine v ist der Hinweis auf eine Verbundmaschine, das t bedeutet, dass es sich um eine Tenderlokomotive handelt.

Als die Bilder laufen lernten, stellten sie Bewegungen dar. Laufende und springende Menschen und Tiere waren die Darsteller der kurzen Filme. Beliebte Motive waren auch Fahrzeuge und Maschinen in Bewegung, vornehmlich Eisenbahnen machten großen Eindruck auf die begeisterten und manchmal auch entgeisterten Zuschauer.
Am Beginn der Filmgeschichte fährt ein Zug in den Bahnhof von La Ciotat, hält und die Passagiere steigen aus. Eine alltägliche Szene, von den meisten Zuschauern damals schon erlebt – aber als Film eine Sensation.

Wegen der Bedeutung dieses kurzen Dokumentarfilms der Brüder Lumière steht er am Anfang der Filme, die in diesem Buch versammelt sind. Alle anderen Filme sind Spielfilme, wie sie im Kino, im TV, auf DVDs und Blu-ray Discs zu sehen sind.

Die Eisenbahn übt seit ihren Anfängen eine große Faszination auf die Menschen aus. Die großen Lokomotiven mit ihrer schier unzähmbaren Kraft ziehen Züge – ins Glück oder ins Verderben, auf und in den Zügen spielen sich im Rausch der Geschwindigkeit Dramen oder Komödien ab.

Die Filme, in denen Eisenbahnen eine Rolle spielen, sind schier unzählig. Nur eine repräsentative Auswahl kann in diesem Buch vorgestellt werden; so mag mancher Film- oder Eisenbahnfreund den einen oder anderen Film vermissen, dafür wird er überrascht durch einige Entdeckungen. In manchem Film spielt die Eisenbahn eine kleine, aber entscheidende Rolle, wenn sich zum Beispiel durch die Ankunft des Zuges eine dramatische Wendung der Handlung ergibt – wie in »12 Uhr mittags«. Filme, in denen auch mal ein Zug vorbeifährt oder zufällig eine Zugfahrt stattfindet, ohne dass dies von großer Bedeutung für die Handlung wäre, sind sicher keine Eisenbahnfilme; auf diese wurde in der Regel verzichtet.

Eine thematische Einteilung der Filme ist nicht vorgenommen worden, überschneiden sich doch die Genres oft.
Die chronologische Abfolge hingegen spiegelt sowohl die technische Entwicklung der Eisenbahn als auch die Filmgeschichte wider.

Ohne die Hilfe vieler lieber Menschen hätte dieses Buch nicht entstehen können. Dank an Hans-Peter Reichmann, Martin Stieber und André Mieles, Deutsches Filmmuseum und Deutsches Filminstitut Frankfurt am Main; Dr. Peter Kircher, Sammler und Experte; Karl-Heinz Lahrem von Lahremedia; Kristiane Müller-Urban, Herrin meines Herzens, hat viele Informationen und Bilder gesammelt. Nicht zuletzt danke ich der Verlegerin, Frau Dr. Patricia Scholten, die dieses Buch verlegt, und dem Lektor Hartmut Lange für seine Zusammenarbeit und Kornelia Erlewein für die exzellente Gestaltung des Buches.

Informationen verdanke ich auch dem Lexikon des Internationalen Films und www.eisenbahn-im-film.de.

Eberhard Urban

DIE ANKUNFT EINES ZUGES AUF DEM BAHNHOF IN LA CIOTAT

L'ARRIVÉE D'UN TRAIN EN GARE DE LA CIOTAT 1895

Frankreich. Stummfilm.

Regie: Auguste und Louis Lumière.

Kamera: Louis Lumière.

Länge: 1 Minute.

Die Ankunft des Zuges.

Einer der ersten Filme ist ein Eisenbahnfilm. Dieser Dokumentarfilm wurde 1895 gedreht – zusammen mit einigen anderen Filmen wie »Schmiede bei der Arbeit«, »Am Börsenplatz in Lyon«, »Eine Feuersbrunst«, »Babys Frühstück«. Am 28. Dezember 1895 wurde im Grand Café am Boulevad des Capucines die erste öffentliche Filmvorstellung in Frankreich vor zahlendem und begeistertem Publikum veranstaltet.

Der Film mit der Lumière Katalog-Nr. 653 zeigt die Ankunft eines Zuges auf dem Bahnhof der südfranzösischen Hafen- und Industriestadt La Ciotat. Die Reisenden steigen mit ihrem Gepäck aus und verlassen die Szene. Neue Fahrgäste steigen ein. Die Lokomotive, die den Zug führt, ist ein auslaufendes Modell; ab 1907 wurde sie durch die stärkere Pacific 231 (2´C1) vor den Zügen ersetzt.

Es wird berichtet, dass die Zuschauer beim Anblick des einfahrenden Zugs von Panik geschüttelt von ihren Sitzen aufsprangen und in der Flucht ihre Sicherheit suchten, um nicht von der herandampfenden Lokomotive überrollt zu werden.
Schon in den Anfängen der Filmgeschichte sind Film und Kino Institutionen der Illusion.

Die Geschichte des Films und des Kinos ist untrennbar mit den Brüdern Auguste Marie Louis Nicolas Lumière (1862 bis 1954) und Louis Jean Lumière (1864 bis 1948) verbunden. Viele Tüftler und Erfinder versuchten, mit den Mitteln der Fotografie Bewegung darzustellen.

Film ist ein Wort, das ursprünglich so viel wie »Häutchen« bedeutet. Es bezeichnet sowohl die fotografische Emulsionsschicht auf dem Filmträger, einem Streifen aus Zelluloid, auch diesen Streifen selbst, als auch das Produkt.

Kino ist die Kurzform der Worte Kinetoscope und Kinetograph, mit denen die frühen Geräte zum Aufnehmen und Betrachten von Filmen benannt wurden, die Thomas Alva Edison um 1889 entwickelt hatte. Zur gleichen Zeit konstruierten die Brüder Lumière ihren Apparat, mit dem sie Filme aufnehmen und abspielen konnten. Diese Konstruktion erwies sich als zukunftweisend und setzte sich gegen alle Apparate der Konkurrenz durch.

Die Brüder Lumière experimentierten auch mit 3D-Filmen und dem Farbfilm. 1905 verkauften sie ihr Filmpatent an Charles Pathé, der zum Begründer der französischen Filmindustrie avancierte.

Eines der ersten Filmplakate. Louis-Abel Truchet zeigt die Ankunft des Zuges im Zuschauerraum.

DER KUSS IM TUNNEL

THE KISS IN THE TUNNEL	1900
Großbritannien. Stummfilm.	
Produzent: G. A. S. Films und Warwick Trading Company.	
Regie: George Albert Smith.	
Darsteller: George Albert Smith, Laura Smith.	
Länge: 1 Minute 13 Sekunden.	

Die Dame und der Herr im Abteil …

Einfahrt in den Tunnel.

… küssen sich, während der Zug durch den Tunnel fährt.

Ein Zug fährt aus einem Tunnel heraus, entgegenkommend fährt ein anderer Zug in den Tunnel hinein. Durch die damals schon populäre Psychoanalyse ist die Einfahrt in einen Tunnel eine eindeutige sexuelle Anspielung und erregte die entzückten Zuschauer.

Szenenwechsel. In einem Abteil sitzen sich eine elegante Dame und ein fescher Herr gegenüber. Er steht auf und küsst die erstaunte Dame. Willig lässt sie sich nochmals küssen. Nach dem dritten Kuss setzt sich der Herr wieder auf seinen Platz – und auf seinen Zylinder, den er nun entknittern und wieder in Form bringen muss. Der Zug fährt aus dem Tunnel hinaus.

Die erotische Szene im Tunnel erregte kein öffentliches Ärgernis, weil die beiden Schauspieler im richtigen Leben ein Ehepaar waren.

George Albert Smith (1864 bis 1959) hatte im Frühjahr 1896 die Filmvorführungen der Brüder Lumière besucht, war begeistert, kaufte sich eine Kamera und begann, eigene Filme zu drehen. Zusammen mit dem Filmkamera-Konstrukteur Alfred Darling, dem Filmverleiher Charles Urban, und Filmemachern gehörte Smith zur »Schule von Brighton«, die für den britischen Film von entscheidender Bedeutung war.

Die Außenszenen des Films »Der Kuss im Tunnel« wurden auf der Strecke zwischen Brighton und Hove gedreht. Für die Illusion, die Zuschauer des Films würden bei der Einfahrt in den Tunnel auf der Lok stehen oder aus einem Zugfenster blicken, wurde das Verfahren »Phantom Ride« angewendet. Eine Kamera war vorn an der Lok befestigt worden. Das Verfahren wurde später auch bei anderen Verkehrsmitteln angewendet.

DER GROSSE EISENBAHNRAUB

THE GREAT TRAIN ROBBERY 1903

USA. Stummfilm.

Produzent: Thomas Alva Edison.

Regie: Edwin S. Porter.

Drehbuch: Edwin S. Porter, Scott Marble.

Kamera: Edwin S. Porter.

Darsteller: George Barnes, Max Aronson (unter dem Pseudonym Gilbert M. Anderson wurde er später ein bekannter Schauspieler, Produzent und Regisseur), A. C. Abadie.

Länge: 12 Minuten.

AUCH: DER GROSSE EISENBAHN-ÜBERFALL

Überfälle auf Eisenbahnen waren damals noch üblich. Die Story des Films erinnert an einen ähnlichen Eisenbahnraub, den im Jahr 1900 Butch Cassidy und seine Bande verübten. Dieser frühe Stummfilm ist zugleich der erste Western.

In 14 Szenen wird die Planung eines Eisenbahnraubs erzählt, die Durchführung, das Ausrauben des Postwagens, aller Passagiere, die Flucht mit der Lok, die Flucht zu Pferde, die Verfolgung durch die Polizei.

In der Schlussszene zielt Barnes, der Anführer der Räuber, mit seinem Revolver auf die Kamera – also auf die Zuschauer. Sechs Schüsse feuert er ab, dann hat der Colt keine Kugel mehr.

Szenenfoto vom Überfall.

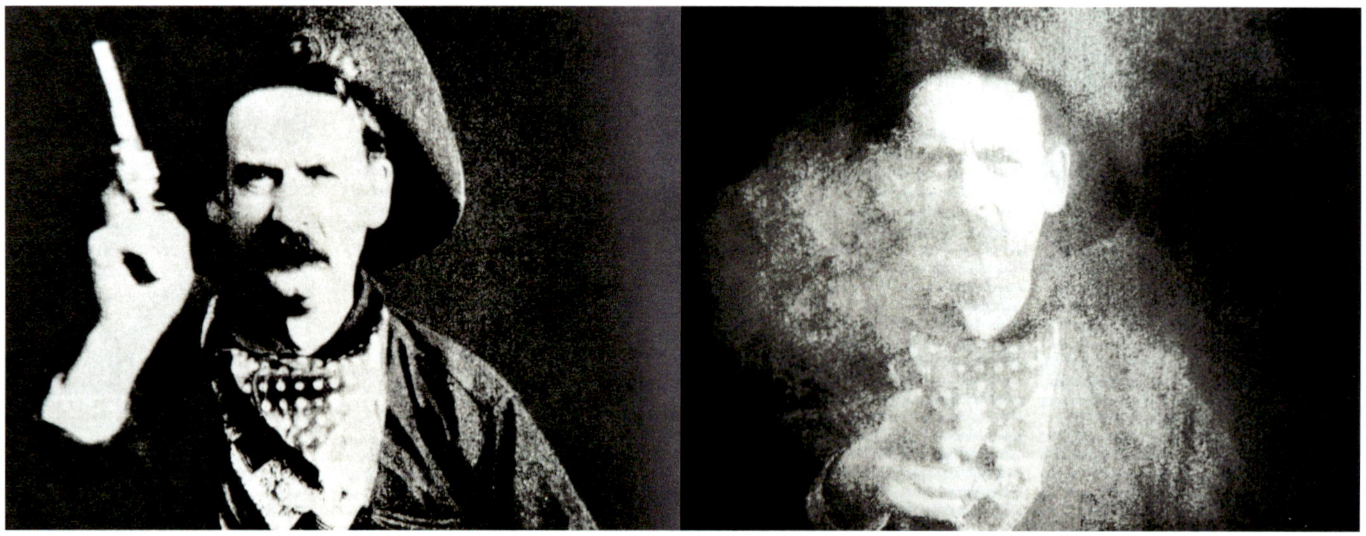

George Barnes als Räuberhauptmann schießt auf die Zuschauer.

DER KLEINE EISENBAHNRAUB

THE LITTLE TRAIN ROBBERY 1905

USA. Produzent: Thomas Alva Edison.

Regie, Drehbuch, Kamera: Edwin S. Porter.

Kamera: Edwin S. Porter.

Länge: 12 Minuten.

Als Parodie auf seinen Film »Der große Eisenbahnraub« drehte Porter diesen Film. Die Darsteller sind Kinder. Eine schmalspurige Parkeisenbahn wird von den kleinen Räubern überfallen, die Fahrgäste werden ausgeraubt. Die Räuber fliehen, und wie im großen Film werden sie von Polizisten verfolgt, die in diesem Film auch Kinder sind.

TOM MIX. THE GREAT K&A TRAIN ROBBERY

ist ein US-Stummfilm von 1926 nach dem gleichnamigen Fortsetzungsroman von Paul Leicester Ford; das Drehbuch verfasste John Stone. Der erste Film vom großen Eisenbahnraub war Vorbild und Anregung für weitere Filme. In diesem Film mit dem Western-Star Tom Mix klärt dieser als Detektiv Tom Gordon die Überfälle auf die K&A Eisenbahn auf und gewinnt die Liebe der Madge Cullen, Tochter des Eisenbahnpräsidenten.

Der Film, vom Regisseur Lewis Seiler produziert, von Fox Film Corporation verliehen, hat eine Länge von 53 Minuten.

Tom Mix besuchte auf seiner Europa-Tournee 1925 Berlin.

THE GREAT TRAIN ROBBERY

ist ein US-Film von 1941; das Drehbuch schrieben Oliver Cooper, Robert Shannon und Garnett Weston, Produzent und Regisseur war Joseph Kane für Republic Pictures. Die Hauptdarsteller sind Bob Steele, Claire Carlton und Milburn Stone.

Der Eisenbahndetektiv Tom Logan soll die Machenschaften seines Bruders Duke stoppen, der mit seiner Bande einen Goldtransport in seine Gewalt gebracht hat. Unter den Passagieren, die als Geiseln gehalten werden, wartet die Unterhaltungskünstlerin Kay Stevens auf ihre Rettung. Vielleicht gibt es nach 62 Minuten ein Happy End.

ÜBERFALL AUF EXPRESS 44

THE LAST BANDIT

ist ein US-Film von 1949, in dem Joseph Kane Regie führte. Wieder ist es ein Bruderzwist, der nach einem Drehbuch von Thomas Williamson inszeniert wurde. Die Hauptrollen spielen William Elliot und Adrian Booth. Frank Plummer verlässt die Bande seines Bruders Jim und bewacht nun Eisenbahntransporte. Jim deutet das Verhalten seines Bruders falsch. Das tragische Ende der Geschichte erfolgt nach 78 Minuten.

DER FUCHS

AUCH: DER GRAUE FUCHS

THE GREY FOX

ist ein kanadischer Film von 1983 nach einem Drehbuch von John Hunter, Regie führte Philip Borsos. Richard Farnworth spielt den ehemaligen Postkutschenräuber Bill Miner, der nach über 30 Jahren aus dem Gefängnis kommt. In einem Kino schaut er sich den Film »Der große Eisenbahnraub« an und beschließt, fortan mit der Zeit zu gehen und Züge zu überfallen. Mit der Fotografin Kate erlebt Miner nach 92 Minuten das Ende seiner legendären Karriere und beginnt ein neues Leben.

DAS EISERNE PFERD AUCH: DAS FEUERROSS

THE IRON HORSE	1924
USA. Fox Film Corporation. Stummfilm.	
Produzent, Regie: John Ford.	
Drehbuch: Charles Kenyon nach einer Geschichte von Charles Kenyon und John Russell.	
Musik: Ernö Rapée.	
Kamera: George Schneiderman, Burnett Guffey.	
Darsteller: George O´Brien, Madge Bellamy.	
Länge: 133 (160) Minuten.	
Deutsche Erstaufführung: 1925.	

Die Golden Spike Ceremony am 10. Mai 1869 – im Film mit der Lok 116.

»Feuerross«, auch »Eisernes Pferd« nannten die Indianer die Lokomotiven der Eisenbahn.
Der Stummfilm schildert den Bau der transkontinentalen Eisenbahn. John Ford hat den Film dem englischen Ingenieur George Stephenson (1781 bis 1848), Erfinder der ersten betriebstüchtigen Lokomotive, gewidmet.
1862 unterschreibt Präsident Abraham Lincoln das Gesetz zum Bau der transkontinentalen Eisenbahn. Am 8. Januar 1863 beginnt die Central Pacific Railway in Sacramento, Kalifornien, den Schienenweg nach Osten zu bauen. Ab 2. Dezember 1863 baut die Union Pacific von Omaha, Nebraska, die Strecke nach Westen.
Für die schweren Arbeiten werden chinesische und irische Arbeiter ins Land geholt, die unter harten Bedingungen schuften müssen, Angriffen der Indianer, denen durch den Eisenbahnbau Teile ihrer Jagdgründe geraubt werden, ausgesetzt sind. Buffalo Bill und andere Büffeljäger sorgen für die einseitige Ernährung der Arbeiter und rotten einen großen Teil der Tiere aus, auf deren Fleisch und Fell die Indianer angewiesen sind.

In die Geschichte des Eisenbahnbaus ist die Liebesgeschichte zwischen Miriam Marsh (Madge Bellamy), Tochter von Thomas Marsh, Eigentümer der Union Pacific, und David Brandon (George O´Brien) von der Central Pacific. Angereichert wird die Geschichte mit Intrigen, Verrat, Korruption, Mord und Totschlag.
Am 10. Mai 1869 treffen sich die zwei Schienenwege am Promontory Point, Utah. Als letzter Nagel wird der goldene Nagel (Golden Spike) in die letzte Schwelle geschlagen.

Am Film wirkten einige Loks der Central Pacific und der Union Pacific mit. Zum Beispiel eine 2´A2´t der CP, Baujahr 1863, einige 2´B Loks der UP namens Hercules, Mars, Jupiter. Die Jupiter ist die Lok UP Nr. 116, allerdings war die Lok, die an der Golden Spike Ceremony teilnahm, die Nr. 119.

Werbung für die deutsche Uraufführung, 22. April 1925.

Madge Bellamy und George O´Brien, Film-Kurier, 1925.

Diese Lok der Southport Delaware, Lackawanna & Western Railroad aus dem Jahr 1857 ist eine typische Western-Lokomotive der Bauart 2´B n2, amerikanisch 4-4-0, genannt American. Die Maschinen wurden meist mit Holz gefeuert.

Solche Loks mit dem Schienenräumer oder Kuhfänger (cow catcher) wurden und werden in Westernfilmen eingesetzt – und vor Touristenzügen. Die Loks werden jetzt nicht mehr mit Holz gefeuert; unter dem Holz im Tender ist ein Öltank versteckt.

Die schöne Darstellung der Westernlok ist ein Werk von Uwe Jarchow.

ABENTEUER IM NACHTEXPRESS

ABENTEUER IM NACHTEXPRESS 1925
Deutschland. Stummfilm.
Produktion: Phoebus-Film, Berlin.
Regie: Harry Piel.
Drehbuch: Edmund Heuberger.
Kamera: Gotthardt Wolf, Georg Muschner.
Darsteller: Harry Piel, Dary Holm, Lissy Arna.
Länge: 131 Minuten.

Harry Piel im Nachtexpress zwischen einer Gräfin ...

Der Film musste zwei Zensurprüfungen absolvieren und wurde mit Jugendverbot belegt.
Harry (Harry Piel) hat eine Autopanne und besteigt als blinder Passagier den Nachtexpress. Eine Bande im Zug stiehlt einem reisenden Minenbesitzer ein wichtiges Dokument. Harry jagt es der Bande ab, übergibt es dem Besitzer und erhält eine stattliche Belohnung. Gräfin Sonja Waranow (Lissy Arna) will Harry in ihre Ränke einspinnen.

So entsteht zunächst der Eindruck Harry sei ein Dieb. Bei einer anderen Dame, der jungen und schönen Baronesse Myra von Geldern (Dary Holm) kann der charmante Harry als Beschützer auftreten.

... und einer Baronesse

Der Film lief in den Kinos des Vereinigten Königreichs als »Adventure in the Night Express«, in Frankreich als »Un Drame dans le train bleu«.

Harry (eigentlich: Heinrich) Piel (1892 bis 1963) war seit seinen ersten Filmen 1912 ein erfolgreicher Regisseur und Darsteller. Viele Stunts in seinen Filmen führte er selbst aus. 1927 heiratete er die Schauspielerin Dary Holm, die in einigen seiner Filme die weibliche Hauptrolle spielte. 1933 trat Harry Piel in die NSDAP ein – aus opportunistischen Gründen, er wollte seine Karriere nicht gefährden. Dafür erhielt er 1945 eine Gefängnisstrafe von sechs Monaten und fünf Jahre Berufsverbot.

Harry Piel und seine Filme sind fast vergessen. An »Menschen, Tiere, Sensationen«, einen Film von 1938, und »Der Tiger Akbar«, 1951, erinnern sich noch einige Filmfreunde.

DER GENERAL

THE GENERAL	1926
USA. Stummfilm. United Artists.	
Produzenten: Buster Keaton Prod., Fred Gabourie, Joseph M. Schenck.	
Regie: Buster Keaton, Clyde Bruckman.	
Drehbuch: Al Boasberg, Clyde Bruckman, Charles Smith nach der Erzählung »The Great Locomotive Chase« vonWilliam Pittenger. Kamera: Bert Haines, J. Devereus Jennings.	
Darsteller: Buster Keaton, Marion Mack, Glen Cavender.	
Länge: 78 Minuten.	
Deutsche Erstaufführung: 1927.	
Wiederaufführung: 1962.	

Plakat zur deutschen Wiederaufführung 1962.

Der Film erzählt nach einer wahren Begebenheit, wie am 12. April 1862 im amerikanischen Bürgerkrieg Spione der Nordstaaten unter Führung von Captain Anderson (Glen Cavender) die Lokomotive namens »General« nach Norden entführen. Der Lokführer Johnnie Gray (Buster Keaton), der seine Lok liebt, liebt auch die schöne Annabelle Lee (Marion Mack), die ihn aber verschmäht, weil er keine schicke Uniform trägt. Johnnie bewirbt sich bei der Armee, ist aber als Lokführer unabkömmlich. Nun macht sich Johnnie an die Verfolgung der entführten Lok. In einem angehängten Waggon sitzt Annabelle. Im Land der Feinde findet Johnnie seine Lok und seine Annabelle. Mit ihrer Hilfe bringt er die Lok wieder nach Hause, verfolgt von einem Zug der Nordstaatler, der von einer brennenden Brücke stürzt. Zu Hause angelangt, wird Johnnie zum Leutnant befördert, erhält eine Uniform und die Liebe Annabelles.

Der Film, heute als eine der besten Kinokomödien anerkannt, stieß bei seinen ersten Vorführungen auf Ablehnung der meisten Zuschauer und Kritiker. Buster Keaton erlitt einen Karriereknick.

Die Lok namens General, eine 2´B-Schlepptenderlok (4-4-0) der W. & A. R. R. (Western & Atlantic Railroad) wurde 1855 bei Rogers, Ketchum & Grosvenor gebaut und ist heute im Southern Museum of Civil War and Locomotive History in Kennesaw, Georgia, zu sehen. Für den Film wurden andere historische Loks

Buster Keaton als Johnnie Gray und seine geliebte Lok »General«

IN GEHEIMER MISSION

The Great Locomotive Chase
ist ein US-Film von 1956, von Walt Disney produziert, Regie führte Francis D. Lyon, Hauptdarsteller ist Fess Parker. Dieser Film behandelt in 85 Minuten die Zugentführung von 1862. TV-Titel: »Andrew´s Raiders«; Deutsche Erstaufführung: 1958 als »In geheimer Mission«.
Zwei kurze Stummfilme von 1911 und 1915 unter dem Titel »Railroad Raiders of ´62« zeigen auch die Lokentführung.

Die Lok »General« in einer historischen Darstellung.

DER FLIEGENDE SCHOTTE

THE FLYING SCOTSMAN	1929
Großbritannien. Warner Bros. British.	
Produktion: British International Pictures.	
Regie: Castleton Knight.	
Drehbuch: Victor Kendall, Garnett Weston, Freeman Crofts.	
Musik: Idris Lewis.	
Kamera: Theodor Sparkuhl.	
Darsteller: Moore Marriot, Pauline Johnson, Ray Milland (in seiner ersten Rolle).	
Länge: 50 Minuten.	
1930 kam eine teilweise vertonte Version des Films in die Kinos.	

Lok 4472, von Uwe Jarchow so exakt dargestellt, wie es keine Fotografie vermag.

Joan außen am Zug auf dem Weg zur Lok 4472.

Der Lokführer Bob (Moore Marriot) hat nach 30 Jahren seinen letzten Arbeitstag. Er führt den legendären Zug »The Flying Scotsman«. Sein bisheriger Heizer Crow, der wegen Trunkenheit bei der Arbeit entlassen wurde, will an Bob Rache nehmen. Der neue Heizer Jim (Ray Milland) ist verliebt in Joan (Pauline Johnson), ohne zu wissen, dass sie Bobs Tochter ist. Crow schlägt Jim nieder. Während der Zug nach Norden rast, will Crow ein Zugunglück bewirken. Doch Joan verhindert das.
Atemberaubend sind die Stunts auf dem Zug und auf der Lokomotive. Zum Beispiel turnt Joan mit Stöckelschuhen außen am Zug entlang zur Lok.

Der größte Star des Films ist die Lokomotive 4472 der London & North Eastern Railway (LNER). Der Konstrukteur H. Nigel Gresley ließ die Lok in den Doncaster Works der LNER 1923 bauen. Nach den Prototypen 4470 und 4471 entstanden nach einigen Verbesserungen 50 Serienloks, beginnend mit 4472. Die Schnellzuglok der Klasse A1, 2´C1´ h3 (Pacific 4-6-2) hat eine Länge von 21.463 mm.
Ihr Name ist »Flying Scotsman« – wie der Zug, den sie am Haken hat.
Ihre erste Nonstopfahrt London – Edinburgh erlebte sie am 1. Mai 1928. Außer Dienst gestellt wurde sie 1963. Immer noch betriebsfähig, zieht sie Sonderzüge. Ihr größter Ausflug führte durch die USA. Beheimatet ist sie im National Railroad Museum, York, England.

Im britischen Film »The Flying Scot« von 1957 spielt Lok 4472 wieder eine Rolle. Drei Gangster versuchen aus dem Zug einen Sack voller Geld zu rauben. In Deutschland kam der Film unter dem Titel »Geldraub im Nachtexpress« 1968 im ZDF zur ersten Aufführung. Der s-w-Film »Juwelenraub« (Terror by Night) von 1946 spielt auch im »Flying Scotsman«. Er ist Teil der Reihe der Filme, in denen Basil Rathbone den Detektiv Sherlock Holmes verkörpert. Dieser Film hatte seine deutsche Erstaufführung 1980 im DFF (Deutscher Fernsehfunk, DDR).

SHANGHAI EXPRESS

SHANGHAI EXPRESS	1932
USA. Paramount.	
Produzent: Adolph Zukor.	
Regie: Josef von Sternberg.	
Drehbuch: Jules Furthman nach einer Erzählung von Harry Hervey.	
Musik: William Franke Harling, John Leipold.	
Kamera: Lee Garmes, James Wong.	
Darsteller: Marlene Dietrich, Clive Brook, Anna May Wong, Warner Oland.	
Länge: 80 Minuten.	
Deutsche Erstaufführung: 1932.	

In China tobt der Bürgerkrieg. In Peking besteigen die Passagiere den Shanghai Express, der die Städte Peking und Shanghai verbindet. Shanghai-Lily (Marlene Dietrich), eine schöne Abenteuerin, teilt sich das Abteil mit der chinesischen Kurtisane Hu Fei (Anna May Wong). Im Zug ist auch der britische Militärarzt Captain Donald Harvey (Clive Brook); der Doc und Shanghai-Lily waren früher ein Liebespaar.
Regierungstruppen stoppen unterwegs den Zug und nehmen einen Rebellenspion fest. Nach der Weiterfahrt wird der Zug wieder angehalten, diesmal von aufständischen Truppen. Ihr Anführer ist Henry Chang (Warner Oland), der unerkannt im Zug mitgefahren ist. Er nimmt Geiseln und will Shanghai-Lily als Geliebte gewinnen. Sie lehnt ab, aber als sie erfährt, dass Henry Chang den Doc blenden lassen will, willigt sie ein. Hu Fei erdolcht den Rebellenanführer. Alle Geiseln sind gerettet. Der Shanghai Express setzt seine Fahrt fort. Lily und der Doc sind wieder ein Paar.

Der s-w-Film wurde in Hollywood und in der Umgebung von Los Angeles gedreht. Die Bahnhöfe der Santa Fe Railroad in Chatsworth und San Bernardino dienten als chinesische Bahnhöfe.

Marlene Dietrich und Clive Brook, Illustrierte Film-Bühne zur Wiederaufführung 1951.

Das Filmplakat zur deutschen Wiederaufführung 1951.

DIE ZWEI VOM SÜDEXPRESS

DIE ZWEI VOM SÜDEXPRESS 1932

Deutschland. Emelka-Tonfilm.

Produktion: Münchner Lichtspielkunst.

Regie: Robert Wohlmuth.

Drehbuch: Josef Than.

Musik: Friedrich Jung, Walter Jurmann, Bronislaw Kaper.

Darsteller: Trude Berliner, Otto Wernicke, Ernst Busch.

Länge: 72 Minuten.

Eine Schwestermaschine der Süd-express-Lok: 18 601 erhielt 1953 bei der Deutschen Bundesbahn sogar noch einen neuen, modernen Kessel.

Marie und die Zwei vom Südexpress, Film-Kurier 1932.

Die Lok 18 518 zieht den Südexpress.

Die Zwei vom Südexpress sind der Lokführer Karl (Otto Wernicke) und der Heizer Hans (Ernst Busch). Beide lieben Marie (Trude Berliner), und beide werden von ihr enttäuscht. Sie kämpfen um das Mädchen, das sich mit einem Bankdirektor davonmacht, um ein sorgenfreies Leben im Luxus zu führen. Marie kehrt enttäuscht zurück. Die Freundschaft der Männer blüht wieder auf. Wem wird sich Marie zuneigen?

Der s-w-Film lief in Österreich unter dem Titel »Im Schatten der Zugspitze«, in Frankreich als »Jalousie«.
Ernst Busch (1900 bis 1980), in der Weimarer Republik bekannt als proletarischer Orpheus und »Roter Tauber« (nach dem damals populären Tenor Richard Tauber), war Sänger und Schauspieler und trat als Antifaschist im Spanischen Bürgerkrieg auf. Zu seinen zahlreichen Ehrungen gehört, dass die Hochschule für Schauspielkunst in Berlin seinen Namen trägt.

Die Lok 18 518, die vor den Südexpress gespannt ist, ist eine eine Maschine der bayerischen Gattung S 3/6, die legendäre Königin der Dampflokomotiven, Bauart 2´C1` h4v (Pacific). Die S 3/6 wurde in verschiedenen Serien gebaut. Die Filmlok vom Südexpress stammt aus dem Jahr 1927 und gehört zu den Nachbau-Maschinen der Gattung, die die Deutsche Reichsbahn-Gesellschaft in den 20er-Jahren als Baureihe 18.5 beschaffte. Gebaut wurde 18 518 bei der J. A. Maffei Lokomotiv- und Maschinenfabrik in München.
Einige Maschinen des Typs S 3/6 sind in Museen zu besichtigen und noch vor Museumszügen in Fahrt.

DAS STAHLTIER

DAS STAHLTIER	1934
Deutschland.	
Produktion: Deutsche Reichsbahn.	
Produzent, Regie, Drehbuch, Kamera: Willy Zielke.	
Musik: Peter Kreuder.	
Darsteller: Aribert Moog.	
Länge: 76 Minuten.	
Nicht-öffentliche Vorführungen: 1934.	
Erstaufführung: 1954 (gekürzte Fassung 43 Minuten).	

Zum 100. Geburtstag der deutschen Eisenbahn gefertigt, zeigt der s-w-Film die Entwicklung der Eisenbahn in expressionistischer Manier.

Der Werkstudent Claaßen (Aribert Moog) erzählt anschaulich und packend den Arbeitern während seines Praktikums die Geschichte der Eisenbahn – von den Anfängen mit dem Dampfwagen des Nicholas Cugnot über die »Rocket« und den »Adler« von Robert Stephenson.

Am Ende des Films legt Claaßen auf der Dampflok 18 507, die er wegen ihres technischen Organismus als Stahltier bezeichnet, eine Fahrprüfung ab. Die Lok ist eine Schwester der 18 518 aus dem Film »Die Zwei vom Südexpress«, 1932. Die Loks der bayerischen Gattung S 3/6 wurden von 1908 bis 1931 in 149 Exemplaren gebaut, zuletzt als Nachbau-Loks der Deutschen Reichsbahn-Gesellschaft (Baureihe 18.5).

Der Film, in dem zu Anfang Claaßen die Arbeiter mit dem damals leider üblichen »Heil Hitler!« begrüßt, verzichtet auf jegliche Nazi-Propaganda. Die Eisenbahn ist das Werk internationaler Ingenieure und Arbeiter. Die Reichsbahn und der Propagandaminister Joseph Goebbels empfanden, dass der deutsche Anteil nicht genügend gewürdigt werde. Die Arbeiter, Laiendarsteller, werden nicht als Vertreter der arischen Herrenrasse gezeigt. Der Film wurde verboten.

Mit einem zeitgenössischen Stich gedachte man 1935 des historischen Ereignisses.

Willy Zielke (1902 bis 1989), der Schöpfer dieses Avantgarde-Films, war ein Bekannter der Nazi-Filmemacherin Leni Riefenstahl. Sie beschäftigte ihn, obwohl er verdächtigt wurde, Kommunist zu sein, als Mitarbeiter bei ihren Olympia-Filmen 1936. Es kam zum Streit zwischen Zielke und Riefenstahl, die als Nacktmodell im Film gezeigt werden wollte, er aber nur ihre Hände fotografiert hatte. Zielke wurde 1937 entführt – wie er meinte auf Betreiben Riefenstahls – und in ein Irrenhaus eingeliefert. Hier wurde er zwangssterilisiert. 1942 entlassen, arbeitete er wieder – auch für Riefenstahl.

Willy Zielke bei der Arbeit zum Film.

Claaßen mit einem Lokomotiven-Treibrad.

Die bayerische S 3/6 gilt als eine der schönsten Dampfloks in Deutschland.

NAPOLEON VOM BROADWAY

TWENTIETH CENTURY	1934
USA. Columbia Pictures.	
Produzent, Regie: Howard Hawks.	
Drehbuch: Charles MacArthur und Ben Hecht nach ihrem Broadway-Stück.	
Musik: Milton Ager.	
Kamera: Joseph H. August.	
Darsteller: John Barrymore, Carole Lombard, Ralph Forbes.	
Länge: 91 Minuten.	
Deutsche Erstaufführung: 1973.	

Direktor Oscar Jaffe und Star Lily Garland im 20th Century.

Der Theaterdirektor Oscar Jaffe (John Barrymore) will aus dem Dessousmodell Mildred Plotka einen Star machen und nennt sie Lily Garland (Carole Lombard). Nach ersten Erfolgen am Broadway haben die beiden Streit und Lily geht nach Hollywood. Nach einigen Flops ist Oscar pleite. Mit zwei Freunden flieht er vor seinen Gläubigern und will mit dem Zug namens Twentieth Century Limited nach New York fahren.
Im Zug trifft Oscar zufällig Lily, die eine Diva geworden ist, und mit ihrem Liebhaber George Smith (Ralph Forbes) auch auf dem Weg nach New York ist. Im Zug kommt es zu Verwicklungen, Trennungen, Versöhnungen. Der Film erweist sich als eine der ersten und besten Screwball-Komödien.

Der 20th Century Limited war ein Luxuszug der New York Central Railroad (NYC), der von 1902 bis 1967 zwischen dem Grand Central Terminal in New York und der LaSalle Street Station in Chicago verkehrte. Der Zug war einer der berühmtesten Züge der Welt und eine nationale Institution der USA.

Ab 1928 wurden vor die Züge die Hudson-Loks gespannt, die ihren Namen dem Tal des Hudson River verdankten, durch das die Züge fuhren. Die Bauart der neuen schnellen und starken Loks war 2´C2´ 2h; die Achsfolge war typisch für Hudson-Loks. Die Maschinen für die NYC wurden von der American Locomotive Company (ALCO) in Schenectady gebaut. Zwischen 1937 und 1938 lieferte ALCO 50 Loks der Weiterentwicklung, genannt Super-Hudsons, von denen zwölf Stück die sagenhafte Stromlinienverkleidung erhielten.

Eine Hudson Lok in detailgetreuer Seitenansicht, gezeichnet von Uwe Jarchow.

Eine Hudson der NYC Klasse J-1a vor dem Zug 20th Century Limited.

EINE DAME VERSCHWINDET

THE LADY VANISHES 1938

Großbritannien. Gainsborough Pictures.

Produzent: Edward Black.

Regie: Alfred Hitchcock.

Drehbuch: Frank Lauder, Sidney Gilliat, Alma Reville nach dem Roman »The Wheel Spins« von Ethel Lina White.

Musik: Louis Levy, Charles Williams.

Kamera: Jack E. Cox.

Darsteller: Margaret Lookwood, Michael Redgrave, Dame May Whitty, Paul Lukas.

Länge: 97 Minuten.

Deutsche Erstaufführung: 1971.

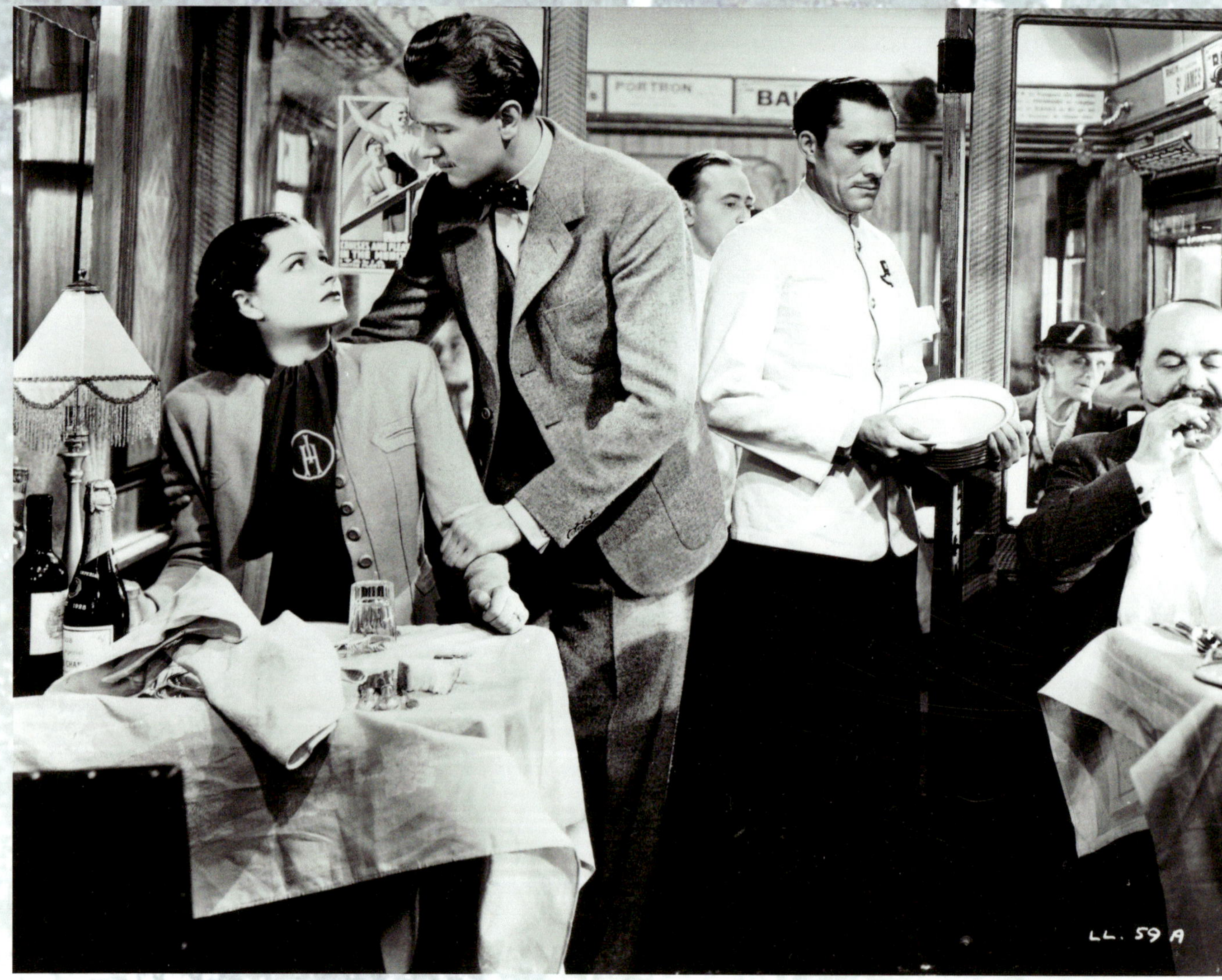

Gilbert Redman mit Iris Henderson im Speisewagen.

Irgendwo in Oseuropa vor Beginn des Zweiten Weltkriegs. Wegen einer Lawine, die den Schienenweg versperrt, kann der Zug von Budapest nach Basel nicht weiterfahren. In einem Bahnhof im Gebirge der fiktiven Diktatur Bandrika steigen die Passagiere aus und warten im Gasthof auf die Weiterfahrt. Unter ihnen die junge Iris Henderson (Margaret Lookwood), der Volksliedforscher Gilbert Redman (Michael Redgrave), die ältliche Miss Froy (Dame May Whitty), keine Gouvernante, sondern eine Geheimagentin des britischen Geheimdienstes, und Dr. Hartz (Paul Lukas), Anführer feindlicher Spione, die verhindern wollen, dass die Botschaft durch Miss Froy nach London gelangt. Wieder im Zug, vermisst Iris die Dame Froy. Iris und Gilbert suchen und befreien sie und decken ein Komplott auf. Die Reisenden gelangen schließlich nach London. Auf der Victoria Station geht Hitchcock durchs Bild.

Hitchcock, der ein großer Eisenbahnfreund war, gibt der Eisenbahn in vielen seiner Filme eine Haupt- oder Nebenrolle. Allerdings sind aus Kostengründen die Züge in diesem Film Modelleisenbahnen oder Rückprojektionen.

1979 erschien in Großbritannien ein Rank Film als Remake unter dem Titel »The Lady Vanishes«, in Deutschland 1983 als Video »Tödliche Botschaft« veröffentlicht.

Zu den beiden hat sich der Spion Dr. Hartz gesellt.

BESTIE MENSCH

LA BÊTE HUMAINE	1938
Frankreich. Paris Film/Juno.	
Produzenten: Robert Hakim, Raymond Hakim.	
Regie: Jean Renoir.	
Drehbuch: Jean Renoir nach dem Roman »La Bête Humaine« von Émile Zola, deutsch »Die Bestie im Menschen«.	
Musik: Joseph Kosma.	
Kamera: Curt Courant.	
Darsteller: Jean Gabin, Simone Simon , Fernand Ledoux.	
Länge: 100 Minuten.	
Deutsche Erstaufführung: 1949; mit neuer Synchronisation 1971 (ZDF).	

Lantier springt von der Lok in den Tod.

Das französische Filmplakat von 1938.

Ein deutsches Plakat von 1949.

Lantier im Führerstand seiner Lok.

Jean Renoir, der große Filmemacher und Sohn des Malers Auguste Renoir, verlegt die Handlung des s-w-Films aus den 1870er Jahren in seine Gegenwart.
Lantier (Jean Gabin) ist ein Lokführer, der psychische Probleme hat. Er ist geschädigt durch die Alkoholsucht seiner Vorfahren. Er wird zufällig Zeuge, wie der Bahnhofsvorsteher von Le Havre, Roubaud (Fernand Ledoux), den Paten seiner Frau Séverine (Simone Simon), der sie früher missbraucht hatte, tötet.
Lantier schweigt bei den polizeilichen Ermittlungen, um Séverine zu schützen. Und er beginnt ein Liebesverhältnis mit ihr. Nach ihrer Trennung und nach einer Begegnung mit ihr, tötet Lantier seine einstige Geliebte. Bei voller Fahrt springt er voller Verzweiflung von der Lok, um sich das Leben zu nehmen.
Die Aufnahmen entstanden vor allem auf dem Führerstand einer Pafific-Lok (2´C1´) zwischen Paris und Le Havre. Die Aufnahmen bei schneller Fahrt, nicht ungefährlich für den Kameramann, sind einzigartig. Auch im Depot und in der Eisenbahnersiedlung von Le Havre wurde gedreht.

Weitere Verfilmungen des Romans von Zola: »Die Bestie im Menschen«, deutscher Stummfilm von 1920. »Lebensgier« (»Human Desire«, USA 1954, Regie: Fritz Lang). Zudem der argentinische Film »La Bestia humana« von 1954 und der britische TV-Film »Cruel Train« von 1995.

KONGO-EXPRESS

KONGO-EXPRESS	1939
Deutschland. Ufa.	
Produzent: Georg Witt.	
Regie (in Nazi-Deutschland heißt es nun: Spielleitung): Eduard von Borsody.	
Drehbuch: Ernst von Salomon, Eduard von Borsody.	
Musik: Werner Bochmann.	
Kamera: Igor Oberberg.	
Darsteller: Marianne Hoppe, Willy Birgel, René Deltgen.	
Länge: 93 Minuten.	
Wiederaufführung: 1949.	

Renate Brinkmann (Marianne Hoppe), eine junge Hamburgerin aus gutem Hause, erfährt von ihrem Verlobten, dem französischen Afrikaflieger Gaston Thibault (René Deltgen), dass er die Verlobung lösen muss, da er seine Stellung verloren habe. Renate begibt sich sofort auf die Reise nach Afrika. Im Kongo-Express lernt sie den netten deutschen Auswanderer Viktor Hartmann (Willy Birgel) kennen. Renate trifft Gaston, Viktor trifft die beiden. Eifersucht und Streit bricht zwischen den beiden Männern aus. Renate will dem Streit entgehen, sie tritt die Rückreise an. Als sie im Kongo-Express zurück zur Küste fährt, erfahren Gaston und Viktor, dass dem Zug ein anderer auf gleichem Gleis entgegen rast. Gaston stürzt mit seinem Flugzeug auf die Schienen vor den Kongo-Express. Die Züge müssen bremsen. Gastons Opfertod rettet Renate und die anderen Passagiere.
Mit Viktor reist Renate nach Hamburg.

Mit künstlichen Palmen und anderen Dekorationen wurde eine afrikanische Landschaft nachgeahmt. Und der Kongo-Express, ein Zug der Deutschen Reichsbahn als Urwald-Express dekoriert, fuhr für die Filmaufnahmen zwischen Celle und Gifhorn auf der Allertalbahn. Der Haltepunkt Offensen wurde zum Urwald-Bahnhof Lukanga verwandelt.

Während Nazi-Deutschland den Zweiten Weltkrieg begonnen hatte, wurde der s-w-Film produziert.

Das Filmplakat von 1939

DIE FRAU GEHÖRT MIR

UNION PACIFIC 1939

USA. Paramount.

Produzent, Regie: Cecil B. DeMille.

Drehbuch: Walter DeLeon, C. Gardner Sullivan, Jesse Lasky jr., Jack Cunningham nach dem Roman »Trouble Shooter« von Ernest Haycox.

Musik: Sigmund Krumgold, John Leipold, Victor Young, Gerard Carbonara, Leo Shuken, George Antheil.

Kamera: Victor Milner, Dewey Wrigle.

Darsteller: Barbara Stanwyck, Joel McCrea, Robert Preston, Brian Donlevy.

Länge: 135 Minuten.

Deutsche Erstaufführung: 1939.

Wiederaufführung: 1965 als »Union Pacific«.

Film-Bühne Nr. 2 für die deutsche Erstaufführung. Im Fenster ist ein Bild vom Eisenbahnbau zu sehen.

Das deutsche Filmplakat von 1939.

Inspiriert von John Fords »The Iron Horse« (Seite 12) und dem Roman von Ernest Haycox schuf Cecil B. DeMille mit seiner Crew ein Epos vom Bau der transkontinentalen Eisenbahn, die von 1862 bis 1869 von den Eisenbahngesellschaften Union Pacific und Central Pacific erbaut wurde.

Jeff Butler (Joel McCrea) ist ein Trouble Shooter, ein Friedensstifter. Er soll dafür sorgen, dass der Bau der Union Pacific ungestört vonstattengehen soll. Seine Gegenspieler sind Dick Allen (Robert Preston), ein einstiger Kriegskamerad von Butler, und Sid Campeau (Brian Donlevy). Sie sorgen im Auftrag eines Spekulanten für Sabotage, wiegeln die Arbeiter auf und stehlen deren Lohngelder, hetzen die Indianer auf, Angriffe auf die Eisenbahn zu verüben.

»End of the Track« nennt sich der Ort, der mit der Fortführung der Eisenbahn nach Westen wandert. Die Posthalterin Mollie Monahan (Barbara Stanwyck), Tochter eines Lokführers, hat sich in Jeff verliebt. Doch sie hat Dick geheiratet, um Jeff vor den Banditen zu retten. Dick raubt die Lohngelder der Eisenbahn. Mollie wird entlassen. In einem Zug treffen sie und Dick den Trouble Shooter. Nach einem Angriff der Indianer überleben die drei.

Während der letzte Nagel, der goldene Nagel, am 10. Mai 1869 in die Schwelle geschlagen wird, tötet Campeau im Streit Dick und kommt dann ebenfalls zu Tode. Wie die Schienen der Union Pacific und der Central Pacific zusammen finden, finden auch Mollie und Jeff zueinander.

Die Fahrzeuge der Union Pacific, die im Film mitspielen, sind die Loks No.11 »Reno«, 2´B, die 1872 bei Baldwin in Philadelphia für Virginia & Truckee gebaut wurde und die bei der Golden Strike Ceremony die historische Lok 119 darstellte; Lok »General McPherson«, 1´B, Lok 66, 2´B, Lok 41, 2´B, zudem eine Handhebel-Draisine.

SALONWAGEN E 417

SALONWAGEN E 417	1939
Deutschland. Deka Film/Bavaria Filmkunst.	
Produzenten: Rüdiger von Hirschberg, Karl Schulz.	
Regie (Spielleitung): Paul Verhoeven.	
Drehbuch: Bobby E. Lüthge, Helmut Käutner.	
Musik: Guiseppe Becce.	
Kamera: Karl Hasselmann, Horst Fink.	
Darsteller: Käthe von Nagy, Paul Hörbiger, Maria Nicklisch, Curd Jürgens.	
Länge: 91 Minuten.	
Wiederaufführung: 1986 RTL plus.	

Zuglok ist im Film eine Maschine der Baureihe 38.10-40. Ende der 1920er-Jahre wartet 38 1541 im Bw Grunewald auf ihren nächsten Einsatz.

Im Verkehrsmuseum werden um Mitternacht die Figuren lebendig und die personifizierten Geister der Exponate treten auf. Der Geist des neuen Salonwagens E 417 erzählt aus seinem Leben, das mit seiner Herstellung 1889 bei Krupp in Essen beginnt. Höhepunkt ist die Hochzeitsreise eines Prinzenpaars (Maria Nicklisch und Curd Jürgens) 1913 an die Riviera. Bei einem Aufenthalt in Dingskirchen verlieben sich der Stationsvorsteher Friedrich Christian Lautenschläger (Paul Hörbiger) und die Baronesse Ursula von Angerfeld (Käthe von Nagy). Durch den überstürzten Aufbruch am nächsten Morgen werden die beiden getrennt und sehen sich nie wieder.
Der Salonwagen erlebt den Ersten Weltkrieg, die turbulente Nachkriegszeit, kommt auf ein Abstellgleis und soll verschrottet werden. Lautenschläger rettet den Wagen, der ins Museum kommt. Hier zeigt Lautenschläger den Besuchern Sänften, Kutschen, Lokomotiven und den Salonwagen E 417.

Der Bahnhof Dingskirchen wird vom Bahnhof Groß Schönebeck an der Niederbarnimer Eisenbahn gespielt. Die Lok vor dem Salonwagen ist eine der Baureihe 38.10–40 (preuß. P 8), Bauart 2'C h2.
Der Salonwagen ist eine Rekonstruktion für diesen s-w-Film.

Der Salonwagen E 417 hat sein Vorbild im Salonwagen König Ludwigs II. im damaligen Verkehrsmuseum, heute DB Museum Nürnberg.

DER MAJOR UND DAS MÄDCHEN

THE MAJOR AND THE MINOR 1942
USA. Paramount.
Produzent: Arthur Hornblow jr.
Regie: Billy Wilder.
Drehbuch: Billy Wilder, Charles Brackett nach einer Story von Fanny Kilbourne und einem Theaterstück von Edward Childs Carpenter.
Musik: Robert Emmett Dolan.
Kamera: Leo Tover.
Darsteller: Ginger Rogers, Ray Milland, Rita Johnson.
Länge: 100 Minuten.
Deutsche Erstaufführung: 1972 BR.

Susan Kathleen Applegate, genannt Su-Su (Ginger Rogers) ist in ihrem Job als Kosmetikerin in New York glücklos. Sie will wieder in ihre kleine Heimatstadt zurückkehren. Doch ihr Geld reicht nicht für die Fahrkarte. Sie verkleidet sich als Zwölfjährige, um mit einem Kinderfahrschein zu fahren. Auf der Aussichtsplattform des Zugs raucht sie eine Zigarette, wird von den Fahrscheinkontrolleuren erwischt, flieht durch den Zug und versteckt sich im Schlafwagenabteil von Major Philip Kirby (Ray Milland). Der glaubt ihr, dass sie zwölf Jahre alt sei. Er nimmt das scheinbar hilflose Kind mit zur Kadettenschule. Der Major steht vor seiner Hochzeit mit Pamela Hill (Rita Johnson), der Tochter seines Vorgesetzten. Pamelas kleine Schwester merkt, dass Su-Su kein Kind mehr ist. Sie will schweigen, wenn Su-Su ihr hilft, den Major vor ihrer egoistischen Schwester zu retten. Das gelingt und der Major und das Mädchen erleben ein Happy End.

Der s-w-Film lief in Österreich unter dem Titel »Susanne im Schlafkupee«.

Im Film ist die Schlepptenderlok 3768 der Pennsylvania Railroad (PRR), Bauart 4-6-2 (2´C1´) zu sehen, Baujahr 1920, seit 1936 stromlinienverkleidet. Diese Lok war vor die Züge des Broadway Limited gespannt.
Das Filmplakat zeigt die Stromlinienlok 5344 »Commodore Vanderbilt«, 4-6-4 (2´C2´) der New York Central vor dem Zug Twentieth Century Limited (Seite 26).

Su-Su kauft sich eine Kinderfahrkarte, am Schalter trifft der Major das Mädchen.

Die angeblich zwölfjährige Su-Su wird im Zug beim Rauchen erwischt.

SPION IM ORIENTEXPRESS

BACKGROUND TO DANGER 1943
USA. Warner Bros.
Produzent: Jerry Wald.
Regie: Raoul Walsh.
Drehbuch: W. R. Burnett nach dem Roman »Uncommon Danger« (deutsch: »Ungewöhnliche Gefahr«) von Eric Ambler.
Musik: Friedrich Hollaender.
Kamera: Tony Gaudio.
Darsteller: George Raft, Brenda Marshall, Sydney Greenstreet, Peter Lorre.
Länge: 80 Minuten.
Deutsche Erstaufführung: 1997 ORB.

Die sowjetischen Spione Nikolai und Tamara Zaleshoff sowie der amerikanische Agent Barton.

Der sowjetische Spion Zaleshoff und der amerikanische Agent Barton.

1942. Die Türkei ist im Zweiten Weltkrieg neutral. Im Orientexpress auf dem Weg nach Ankara fährt auch Joe Barton (George Raft), ein amerikanischer Geschäftsmann, der in Wirklichkeit ein Geheimagent ist. Er lernt im Zug Ana Remzi kennen, die ihn bittet, Wertpapiere für sie über die Grenze zu bringen. Es sind von den Nazis gefälschte Aufmarschpläne der Sowjetunion gegen die Türkei, um diese zu veranlassen, auf Seiten Deutschlands in den Krieg einzutreten.
In Ankara angekommen, will Barton ihr die Papiere zurückgeben. Doch Ana ist ermordet worden. Barton wird in die Villa des Nazi-Oberst Robinson (Sydney Greenstreet) entführt. Die sowjetischen Agenten Tamara (Brenda Marshall) und Nikolai Zaleshoff (Peter Lorre) befreien ihn.
An diesem antifaschistischen s-w-Film waren viele Emigranten aus Deutschland beteiligt.
Der im Film gezeigte Zug ist eine Modellbahn in einer Modelllandschaft. Auch Material von britischen Eisenbahn-Dokumentarfilmen wurde verwendet.

Der Luxuszug Orientexpress – auch in den Schreibweisen Orient-Express oder Orient Express – ist Handlungsort manchen Films (Seite 46, 68, 108).

FRAU OHNE GEWISSEN

DOUBLE INDEMNITY 1944

USA. Paramount.

Produzent: Joseph Sistrom.

Regie: Billy Wilder.

Drehbuch: Billy Wilder, Raymond Chandler nach dem Roman »Double Indemnity« (deutsch: »Doppelte Abfindung«) von James M. Cain.

Musik: Miklós Rózsa, Johnny Mercer, Victor Schertzinger.

Kamera: John F. Seitz.

Darsteller: Barbara Stanwyck, Fred MacMurray, Edward G. Robinson.

Länge: 107 Minuten.

Deutsche Erstaufführung: 1950.

Der Versicherungsvertreter Walter Neff (Fred MacMurray) will eine Versicherungspolice von Mr. Dietrichson verlängern. Doch der ist nicht zu Hause, dafür aber seine verführerische Frau Phyllis (Barbara Stanwyck). Diese will eine Unfallversicherung für ihren Mann abschließen, ohne dass dieser davon erführe. Mrs. Dietrichson will ihren Mann ermorden und Neff soll ihr helfen. Er weigert sich zunächst, willigt schließlich aber ein. Der Mord soll wie ein Unfall inszeniert werden, dann zahlt die Versicherung die doppelte Summe (double indemnity).
Mr. Dietrichson, der sich zufällig ein Bein gebrochen hat, will eine Reise unternehmen. Seine Frau fährt ihn zum Bahnhof. Neff hat sich im Auto versteckt und bricht ihm das Genick. Er zieht Dietrichsons Kleidung an, benutzt dessen Krücken und besteigt den Zug. An einer Stelle, an der die Geschwindigkeit gering ist, springt er vom Zug. Phyllis wartet hier schon, die beiden legen Dietrichson auf die Schienen.
Neffs Freund und Kollege Barton Keyes (Edward G. Robinson), der den Fall untersucht, ist bald von einem Mord überzeugt. Zudem soll Phyllis die frühere Frau von Dietrichson umgebracht haben. Immer neue Erkenntnisse kommen zu Tage. Neff will schließlich Phyllis töten, doch sie schießt auf ihn und verletzt ihn. Neff erschießt sie. Er legt ein Geständnis ab, will fliehen, bricht zusammen.

In diesem s-w-Film besteigt Neff im Bahnhof Glendale, genannt Glendale Depot, den SP Zug »The Lark«, der längs der Küste auf der Coast Line Kaliforniens fuhr. SP ist die Southern Pacific Railroad, die 1865 gegründet und 1996 an die Union Pacific verkauft wurde.
Vor den Nachtzug, in den Neff in den Schlafwagen No 9 einsteigt, ist eine Schlepptendermaschine vom Typ Northern gespannt, Bauart 4-6-4 (2´D2`). Vom Aussichtswagen (observation car) springt Neff auf die Gleise.

Das deutsche Filmplakat von Heinz Bonné, 1950. Barbara Stanwyck mit blonder Perücke.

ICH KÄMPFE UM DICH

SPELLBOUND	1945
USA. Selznick International.	
Produzent: David O. Selznick.	
Regie: Alfred Hitchcock.	
Drehbuch: Ben Hecht, Angus MacPhail nach dem Roman »The House of Dr. Edwardes« von Francis Beeding (Pseudonym von Hilary Aidan St. George Saunders und John Leslie Palmer).	
Musik: Miklós Rózsa, Audrey Granville.	
Kamera: George Barnes, Rex Wimpy.	
Traumsequenzen: Salvador Dalí.	
Darsteller: Ingrid Bergman, Gregory Peck, Michael Chekhov, Leo G. Carroll.	
Länge: 111 Minuten.	
Deutsche Erstaufführung: 1952.	
Wiederaufführung: 1969.	

Dr. Anthony Edwardes (Gregory Peck) tritt die Nachfolge von Dr. Murchison (Leo G. Carroll) als Leiter eines Heims für Geisteskranke an. Die Psychologin des Heims, Dr. Constance Petersen (Ingrid Bergman), und der neue Chef verlieben sich, obwohl anscheinend Dr. Edwardes ein irrer Betrüger ist. Er gesteht der Psychologin, dass er wahrscheinlich den richtigen Dr. Edwardes getötet habe, sich aber an seine Identität nicht erinnern könne. Als bekannt wird, dass Dr. Edwardes ein Schwindler ist und John Ballantine heißt, flieht dieser nach New York. Dr. Petersen folgt ihm und begibt sich mit ihm zu ihrem Lehrer Dr. Alexander Brulov (Michael Chekhov). Dieser analysiert einen Traum Ballantines, in dem Ballantine mit dem richtigen Dr. Edwardes beim Skilaufen war. Durch den Traum lässt sich das Skigebiet erkennen. Die Psychologin reist mit Ballantine dorthin. Dort kehren das Gedächtnis und die Erinnerung Ballentines zurück. Der wirkliche Mörder von Dr. Edwardes wird überführt. Er erschießt sich. Happy End für Dr. Constance Petersen und John Ballantine.

Dieser s-w-Film war der erste, der sich ausführlich der Lehre von Sigmund Freud widmete.
Wichtige Szenen des Films spielen auf dem Zentralbahnhof, dem Grand Central Terminal in New York, von dem Dr. Petersen und Ballantine abfahren. Ihr Zug ist der berühmte 20th Century Limited (Seite 26) der New York Central Railroad (NYC). Wenn am glücklichen Ende des Films die beiden in die Flitterwochen reisen, fahren sie vom Grand Central Terminal mit dem Zug »Commodore Vanderbilt« der NYC (Seite 38).

Das deutsche Plakat von Heinz Nacken zur Wiederaufführung 1969.

Das polnische Plakat von Andrzej Heidrich 1959. Das Wort »urzeczona« bedeutet wie »spellbound«: gebannt.

SCHIENENSCHLACHT

LA BATAILLE DU RAIL	1946
Frankreich.	
Produktion: Coopérative générale des cinéma francais.	
Regie: Brachet und Becüe.	
Drehbuch: René Clément, Colette Audry, Pierre Bost, Jean Aurenche.	
Musik: Yves Baudrier.	
Kamera: Henri Alekan.	
Darsteller: Marcel Barnault, Jean Daurand, Francois Joux u. a. und französische Eisenbahner.	
Länge: 85 Minuten.	
Deutsche Erstaufführung: 1956 DDR.	

Dieser s-w-Film, mit Unterstützung des Nationalrats der französischen Widerstandsbewegung gedreht, sollte ursprünglich ein Dokumentarfilm werden. Er schildert den Kampf der Eisenbahner gegen die deutsche Wehrmacht, die Frankreich während des Zweiten Weltkriegs besetzt hält. Die Eisenbahner, die sich im Film meist selber spielen, sind Teil der Résistance, behindern und sabotieren die Züge der Wehrmacht. Die wichtigste Aufgabe für die Eisenbahner ist es, deutsche Versorgungszüge, die in die Normandie fahren sollen, zu zerstören. Dort ist die Landung der antifaschistischen Alliierten zu erwarten. In dramatischen Szenen gelingt es den Widerstandskämpfern, den Transport zu zerstören.

»Ja, es ist ein Film, in dem noch einmal vergangene Tage lebendig werden. Aber schließlich ist es ein Film über Dinge, die man nie vergessen darf, um für die richtige Sache zu handeln.« (Paul Thyret in Progress Filmillustrierte, 1956).

Im Film sind viele französische Lokomotiven, Züge und Eisenbahnanlagen zu sehen. Der Film, von René Clément »Zum Ruhm der Eisenbahner Frankreichs« gewidmet, erhielt 1946 bei den ersten Internationalen Filmfestspielen in Cannes als bester Film mehrere Auszeichnungen. Die erste Aufführung in der BRD erfolgte 1973 im WDR.

Titelseite Progress Filmillustrierte, 1956.

Das französische Filmplakat von 1946.

Die Widerstandskämpfer verüben einen Anschlag ...

... und ein Zug der deutschen Wehrmacht entgleist.

ARLBERG EXPRESS

ARLBERG EXPRESS	1948
Österreich. Donau-Film.	
Produzent: Eduard Hoesch.	
Regie: Eduard von Borsody.	
Drehbuch: Curt Johannes Braun.	
Musik: Wolfgang Ruß-Bovelino.	
Kamera: Hans Androschin.	
Darsteller: Paul Hubschmid, Elfe Gerhart-Dahlke, Ivan Petrovich.	
Länge: 96 Minuten.	
Deutsche Erstaufführung: 1950.	

Hans Leitner (Paul Hubschmid) kehrt aus der Kriegsgefangenschaft nach Wien zurück. Er ist ein Musiker, hat weder eine Geige noch einen Frack, um seinen Beruf auszuüben. Er findet einen Koffer voller Juwelen, der aus einem Zug geworfen wurde. Hans teilt sein Geheimnis mit Barna (Ivan Petrovich), der sich als falscher Freund erweist. Aus den kriminellen Machenschaften, in die sich Hans verstrickt, rettet ihn die junge Christl Andermann (Elfe Gerhart-Dahlke). Mit dem Arlberg Express erreichen die beiden Verliebten die rettende Schweiz.
Der s-w-Abenteuerfilm ist zugleich eine Schilderung der Nachkriegszeit.

Der Arlberg Express war Teil des Systems der vielfältigen Zugverbindungen des Orient Express. Der Arlberg-Orient-Express fuhr nach dem Zweiten Weltkrieg auf der Strecke von Bukarest über Wien nach Paris mit verschiedenen Kurswagen. Ab 1962, nach dem Ende der Orient-Express-Organisation, fuhr der Arlberg-Express als Nachtzug zwischen Wien und Paris.
Heute benutzt ein Busunternehmen um Arlberg den Namen Arlberg Express.

Szenenfoto mit Paul Hubschmid und Elfe Gerhart-Dahlke.

Das österreichische Filmplakat von 1948.

Das rumänische Filmplakat um 1950.

BERLIN EXPRESS

BERLIN EXPRESS	1948
USA. RKO Pictures.	
Produzenten: Dore Schary, Bert Granet.	
Regie: Jacques Tourneur.	
Drehbuch: Harold Medford nach einer Story von Curt Siodmak.	
Musik: Friedrich Hollaender.	
Kamera: Lucien Ballard.	
Darsteller: Paul Lukyas, Robert Ryan, Merle Oberon und einige deutsche Schauspieler aus dem Exil.	
Länge: 82 Minuten.	
Deutsche Erstaufführung: 1954.	
Neu synchronisierte Fassung: 2001 ZDF.	

Lucienne und Lindley auf der Suche nach Dr. Bernhardt.

Wie so mancher Film wurde »Berlin Express« in der deutschen Fassung durch die Synchronisation verfälscht. Wie bei »Casablanca«, wo die erste deutsche Fassung aus einem antifaschistischen Film ein Gangsterdrama gemacht hatte, ist hier der politische Inhalt durch eine Schmuggelgeschichte ersetzt worden. Der s-w-Film »Berlin Express« war der erste US-Spielfilm, der im Nachkriegs-Europa gedreht wurde.

In der neuen richtigen Fassung des Films ist Dr. Bernhardt (Paul Lukas) ein deutscher Antifaschist. Er fährt im Zug von Paris nach Berlin. Eine Nazi-Bande will ihn beseitigen, tötet aber seinen Leibwächter.

Bei einem Halt des Zugs im Hauptbahnhof Frankfurt am Main wird Bernhardt entführt. Seine Sekretärin Lucienne (Merle Oberon) und der Amerikaner Lindley (Robert Ryan) suchen im zerstörten Frankfurt Bernhardt, werden von den Nazis gefangengenommen, aber von amerikanischen Soldaten werden sie und Bernhardt befreit. Bei der Weiterfahrt des Zugs wird ein Attentat auf Bernhardt verübt, das aber scheitert.

Die Zugreise beginnt am Ostbahnhof von Paris, in Frankfurt ist Aufenthalt, schließlich erreicht der Zug Berlin. Die verschiedenen Dampfloks, manchmal umbezeichnet mit deutschen Nummern, sind ausschließlich französische Maschinen.

Der Antifaschist Dr. Bernhardt und seine Sekretärin Lucienne im Zug von Paris nach Berlin.

ES BEGANN IM BLAUEN EXPRESS

PODJEST IDJOT NA WOSTOK 1948
UdSSR. Mosfilm/Sovexportfilm.
Regie: Julij Raisman.
Drehbuch: Leonid Maljugin.
Musik: Tichon Chrennikow.
Kamera: Igor Gelein, Arkadij Kalzatij.
Darsteller: Lydia Dranowskaja, Leonid Galiss.
Länge: 93 Minuten.
Deutsche Erstaufführung: 1948.

Moskau am 9. Mai 1945. Die Menschen feiern den Sieg über Hitler-Deutschland. Nur ungern verlassen zwei Seeleute an diesem Tag die Stadt und fahren mit dem Blauen Express nach Osten, um in Wladiwostok bei der Pazifikflotte ihren Dienst anzutreten. Im Speisewagen des Expresszugs feiern die Passagiere. Kapitän Lawrentjew (Leonid Galiss) hält seine Reisegefährtin Sina Sokolowa (Lydia Dranowskaja), die vorgibt, eine verheiratete Schauspielerin zu sein, für eine leichtfertige Person. Sie hält den Kapitän für einen langweiligen Menschen. Am nächsten Tag verlassen Sina und Lawrentjew den Zug, um mit einem Flugzeug die Reise fortzusetzen. Nebel zwingt das Flugzeug zur Notlandung in der Taiga. Bei Sina und dem Kapitän keimt die Liebe auf, die sie verbergen, glaubt er doch, sie sei verheiratet und verhält sich deswegen abweisend. Sie setzen ihre Reise in einem Zug fort und gestehen sich endlich ihre Liebe.

In Österreich lief die Farbfilm-Komödie unter dem Titel »Es begann im blauen Express«, in USA hieß der Film »The Train Goes East«.

»Der Blaue Express« (Goluboi ekspress) war ein sowjetischer Sowkino-Revolutionsfilm von 1929 unter der Regie von Ilja Trauberg. Zu diesem Stummfilm komponierte der deutsche Edmund Meisel die Musik.

Titelbild der Illustrierten Film-Revue, 1948. Die abgebildete Lokomotive ist eindrucksvoll, aber gehört keiner russischen oder sowjetischen Baureihe an, ist auch keine der ausländischen Loks, die in Russland und in der UdSSR eingesetzt waren. Sie entsprang der Fantasie des Grafikers.

Das deutsche Filmplakat von 1948.

CANADIAN PACIFIC

CANADIAN PACIFIC	1949
USA. 20th Century Fox.	
Produzent: Nat Holt/Nat Holt Productions.	
Regie: Edwin L. Marin.	
Drehbuch: Jack DeWitt, Kenneth Garnet.	
Musik: Dimitri Tiomkin.	
Kamera: Fred Jackman jr.	
Darsteller: Randolph Scott, Jane Wyatt, J. Carrol Naish, Nancy Olson.	
Länge: 95 Minuten.	
Deutsche Erstaufführung: 1956.	

Tom Andrews (Randolph Scott) hat die Strecke für die kanadische Eisenbahn durch die Rocky Mountains ausgekundschaftet. Nun will er seine Verlobte Cecille Gautier (Nancy Olson) heiraten. Andrews gerät in Streit mit dem Pelzhändler Dirk Rourke, der den weiteren Bau der Canadian Pacific Railway verhindern will. Andrews begibt sich wieder auf die Baustelle; Cecille löst die Verlobung.
Durch eine Explosion im Baulager der Eisenbahn, von Rourke inszeniert, wird Andrews schwer verletzt. Die Ärztin Dr. Edith Cabot (Jane Wyatt) rettet sein Leben, in dem sie ihm ihr Blut spendet. Dynamite Dawson (J. Carrol Naish) hat den Verdacht, dass Rourke Indianer bezahlt habe, Dynamit zu stehlen und die Eisenbahn zu überfallen. Als die Indianer und Rourke angreifen, wird dieser getötet. Dynamite Dawson holt Verstärkung, die endlich mit dem Zug eintrifft. Die Indianer schließen Frieden. Dr. Cabot, durch die Gewalt im Westen enttäuscht, nimmt den Zug nach Osten. Tom Andrews und Cecille finden wieder zueinander.

Von 1881 bis 1885 erfolgte der Bau der CPR, die quer durch Kanada führt. Die CPR hat heute ein Schienennetz von 22.300 Kilometer Länge.
Der Farbfilm wurde in den Rocky Mountains, im Banff National Park, im Morley Indian Reserve und in anderen kanadischen Landschaften gedreht. Die Loks wurden von der CPR zur Verfügung gestellt. Lok 30 war eine 2´B-Maschine und wurde später verschrottet. Die Lok 5923 war eine Schlepptenderlok, Bauart 1´E2´. In Deutschland kam eine s-w-Fassung in die Kinos.

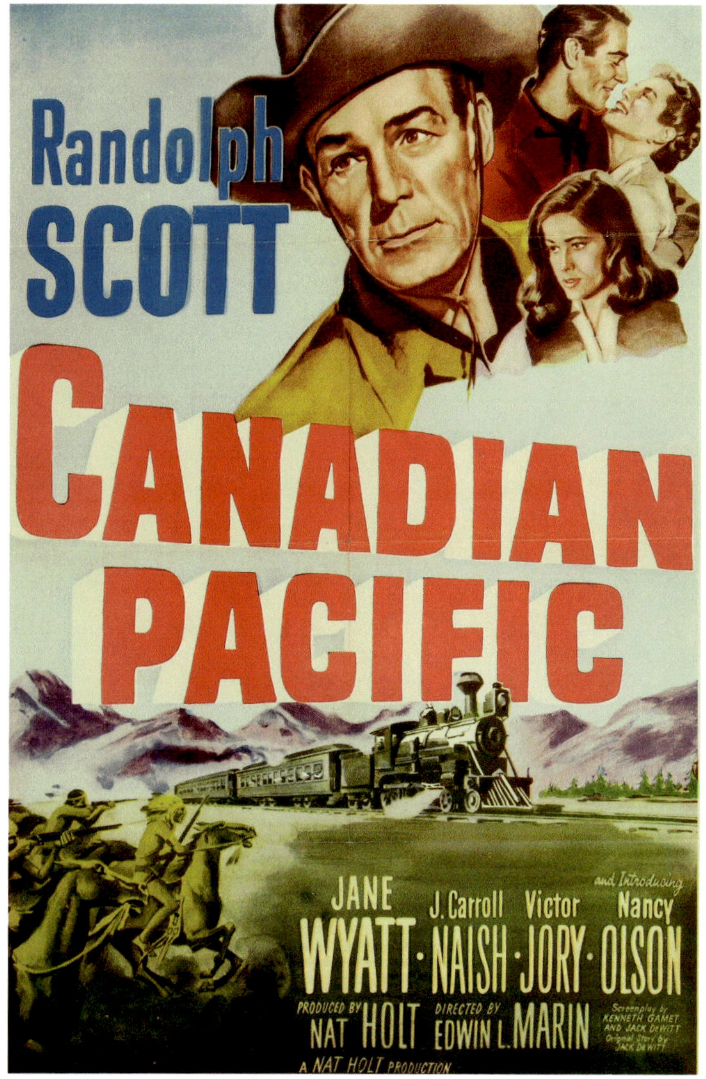

Das US-amerikanische Filmplakat von 1949

Tom Andrews und seine Liebe Cecille Gautier im Zug der CPR.

Die Lok No. 30 der CPR (Canadian Pacific Railway).

A TICKET TO TOMAHAWK

A TICKET TO TOMAHAWK 1950

USA. 20th Century Fox.

Produzent: Robert Bassler.

Regie: Richard Sale.

Drehbuch: Mary Loos, Richard Sale.

Musik: Cyril Mockridge.

Kamera: Harry Jackson.

Darsteller: Dan Dailey, Anne Baxter, Rory Calhoun, in einer kleinen Nebenrolle: Marilyn Monroe.

Länge: 91 Minuten.

Deutsche Erstaufführung steht leider noch aus. Bislang ist nur die Originalversion dieses Farbfilms im Internet zu sehen.

Es ist das Jahr 1876. Der Handelsvertreter Johnny (Dan Dailey) ist mit der Eisenbahn »Emma Sweeney« auf dem Weg nach Epitaph, Colorado. Der aufgeregte Schaffner verrät ihm, dass dies die Jungfernfahrt auf der Strecke ist, die zuvor noch nie befahren worden ist. Ein großer Fels stürzt auf die Gleise. Es ist ein Sabotageakt eines Colonels, der die Konkurrenz ausschalten will. Nur wenn der Zug pünktlich in Tomahawk, 60 Meilen von Epitaph entfernt, ankommt, wird die Lizenz für den Zugbetrieb erteilt. Zwei Cowboys, die Saboteure, bringen Johnny nach Epitaph. Dort wollen sie den Sheriff erschießen. Dessen Enkelin Kit Dodge (Anne Baxter) erschießt die Banditen.

Johnny kauft sich ein Ticket nach Tomahawk. Als er erfährt, dass auf einer Strecke von 40 Kilometern keine Schienen gelegt worden sind, will er sein Ticket zurückgeben. Doch keiner nimmt es an, denn die Lizenz für die neue Eisenbahn wird nur erteilt, wenn mindestens ein Fahrgast befördert wird.
Der Zug wird von Indianern angegriffen, doch Johnny ist ein Freund des Häuptlings, so helfen nun die Indianer, den Zug in Einzelteilen über die Strecke ohne Schienen zu transportieren. Dakota (Rory Calhoun), ein Komplize des Colonels, bemächtigt sich der »Emma Sweeney«, wird aber von Johnny vom Zug geworfen. Die Männer des Colonels beschießen die Lok, die wenige Meter vor Tomahawk stehen bleibt. Wie trotzdem das Ziel erreicht wird, sei hier nicht verraten.
Johnny gibt seine Reisen auf und wird Schaffner auf der »Emma Sweeney«. Er und Kit Dodge heiraten. Später ist zu sehen, wie Kit ihren Eisenbahnermann am Bahnhof verabschiedet. Und fünf Töchter winken ihm zu. Auf einer schmalspurigen Strecke der Denver & Rio Grande Western Railway zwischen Durango und Silverton wurde gedreht. Die Lok »Emma Sweeney«, 4-6-0 oder 2'C, ist die Lok No. 20 der Rio Grande Southern Railway, 1899 bei Schenectady gebaut.

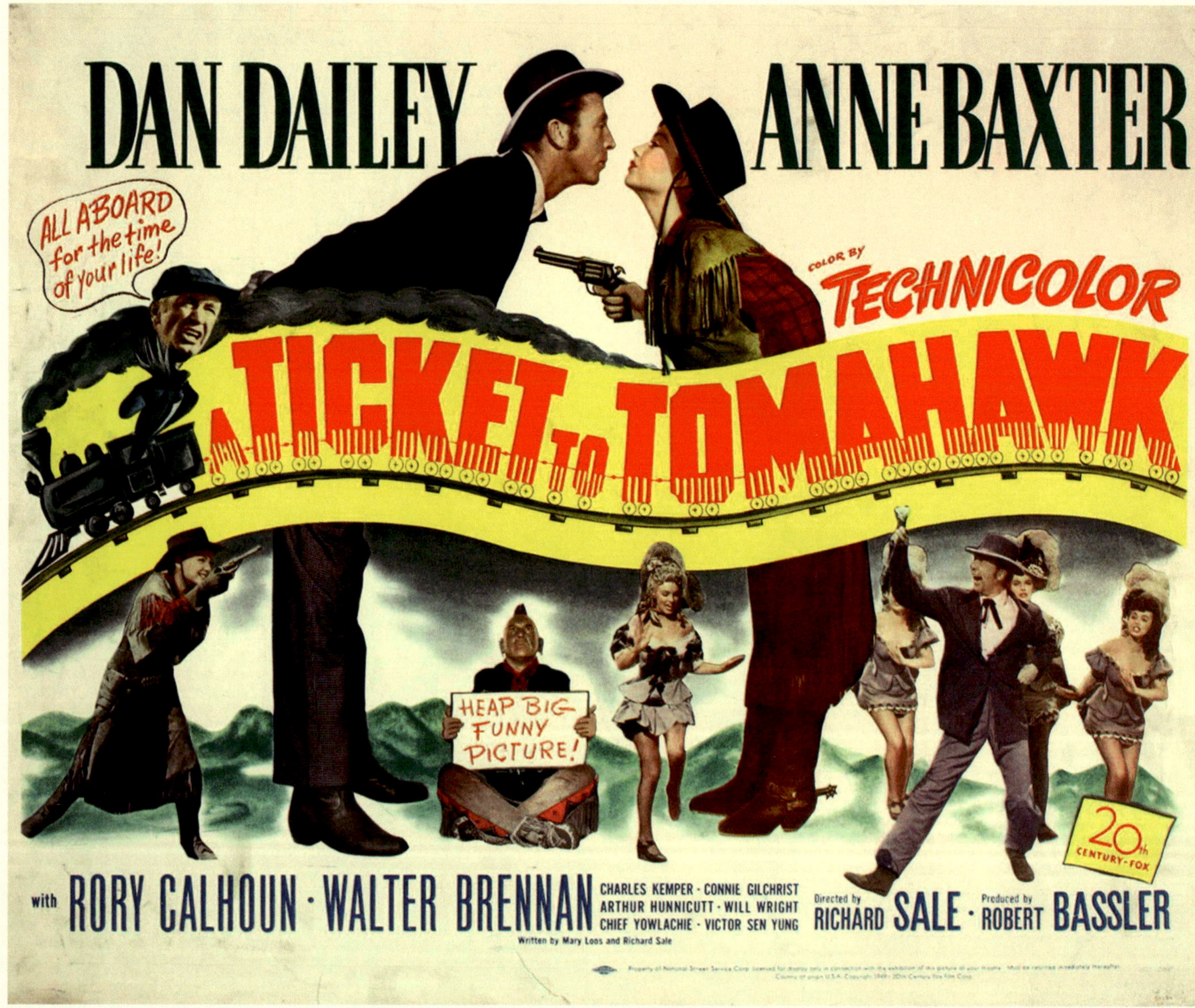

Das US-amerikanische Filmplakat von 1950.

Die Lok »Emma Sweeney« auf dem Weg nach Tomahawk.

PEKING EXPRESS

PEKING EXPRESS	1951
USA. Paramount.	
Produzent: Hal B. Wallis.	
Regie: William Dieterle.	
Drehbuch: John Meredyth Lucas, Jules Furthman nach einer Story von Harry Hervey.	
Musik: Dimitri Tiomkin.	
Kamera: Charles B. Lang jr.	
Darsteller: Joseph Cotten, Corinne Calvet, Edmund Gwenn.	
Länge: 95 Minuten.	
Deutsche Erstaufführung: 1955 (81 Minuten).	

Auf der Fahrt nach Peking im revolutionären China treffen im Zug verschiedene Personen auf dramatische Art zusammen. Der amerikanische Arzt Dr. Michael Bachlin (Joseph Cotten) in UN-Dienst, die Spionin Danielle Grenier (Corinne Calvet) aus Paris, der Priester Joseph Murray (Edmund Gwenn) aus Irland, ein mörderischer Gegenrevolutionär, getarnt als Geschäftsreisender, zudem ein junger Kommunist.
Gangster überfallen den Express, nehmen den Arzt als Geisel. Aus den dramatischen Verwicklungen und gewalttätigen Auseinandersetzungen können sich der amerikanische Arzt und die Französin retten.

Dr. Bachlin besteigt den Peking Express.

»Peking Express« ist kein Remake von »Shanghai Express« (Seite 20) aus dem Jahr 1932, wie oft gesagt wird. Einzelne Elemente aus dem früheren Film sind in abgewandelter Art allerdings übernommen worden.
Der aktuelle Peking-Express ist ein Zug vor allem für Touristen, die von Peking durch China und die Mongolei bis nach Sibirien reisen.

Das deutsche Filmplakat von Lutz Peltzer, 1955.

UM HAARESBREITE

THE NARROW MARGIN	1952
USA. RKO.	
Produzent: Stanley Rubin.	
Regie: Richard Fleischer.	
Drehbuch: Earl Felton.	
Musik: Frank Sarver, Cl. Portman.	
Kamera: George E. Diskant.	
Darsteller: Charles McGraw, Marie Windsor, Jacqueline White.	
Länge: 70 Minuten.	
Deutsche Erstaufführung: 1953.	

Der Detective Brown (Charles McGraw) soll auf der Zugfahrt von Chicago nach Los Angeles Mrs. Neall (Marie Windsor) begleiten und beschützen. Sie ist die Witwe eines Gangsterbosses und soll vor Gericht aussagen. Am Bahnhof sieht Brown, dass ihm ein Gangster folgt, der die Kronzeugin Mrs. Neall ermorden soll.

Im Zug lernt Brown die attraktive Ann Sinclair (Jacqueline White) kennen. Der Gangster denkt nun, diese sei sein Ziel. Brown erfährt von Ann Sinclair, dass sie die richtige Mrs. Neall ist. Die andere Frau ist Sarah Meggs (Marie Windsor), die als Lockvogel dient, um von der richtigen Mrs. Neall abzulenken. Der Gangster und ein Komplize, der auch im Zug mitfährt, ermorden Sarah Meggs. Als sie auch Mrs. Neall töten wollen, erschießt Brown den einen Gangster, der andere springt vom Zug und wird verhaftet.

»Narrow Margin« – im Deutschen wurde der Titel ergänzt mit »12 Stunden Angst« – war ein Remake des s-w-Films, 1990 produziert, in dem die Handlung ausgeweitet wurde. In diesem Farbfilm hatten Gene Hackman und Anne Archer die Hauptrollen.

Anne Archer und Gene Hackman erleben »12 Stunden Angst«.

TERROR AM RIO GRANDE

DENVER AND RIO GRANDE	1952
USA. Paramount.	
Produzent: Nat Holt.	
Regie: Byron Haskin.	
Drehbuch: Frank Gruber.	
Musik: Paul Sawtell.	
Kamera: Ray Rennehan.	
Darsteller: Edmond O´Brien, Sterling Hayden, Laura Elliot.	
Länge: 89 Minuten.	
Deutsche Erstaufführung: 1955.	

1870. Beim Bau einer Eisenbahnlinie über die Rocky Mountains kommt es zum Eisenbahnkrieg zwischen den Gesellschaften Denver & Rio Grande einerseits und der Southwestern andererseits. Als ein Eisenbahnarbeiter der Southwestern ermordet wird, gerät Jim Vesser (Edmond O´Brien) unter Verdacht. Linda (Laura Elliot), die Schwester des Toten, bewegt McCabe (Sterling Hayden), sich zu rächen. Als sie erfährt, dass Jim unschuldig ist, hat der Eisenbahnkrieg bereits begonnen.
Die Konkurrenten schrecken vor Mord und Totschlag nicht zurück. Der Chefingenieur der D&RGW, Jim Vesser, und McCabe bekämpfen sich erbittert. Lohngelder werden geraubt, Revolverhelden angeheuert, Wagen mit Dynamit explodieren in den Baulagern. Gepanzerte Züge rasen aufeinander zu.
McCabe und seine Leute, die den Part der Bösen übernommen haben, werden bei einer Explosion getötet.

Die Dreharbeiten für den Farbfilm wurden auf der schmalspurigen Zweiglinie von Durango nach Silverton, Colorado, gefertigt. Die Loks waren die zwei Maschinen vom Typ Consolidation, Bauart 1´D (2-8-0), der D&RGW, No. 268 und No. 319.

Die Lokomotiven der verfeindeten Eisenbahngesellschaften sind aufeinander geprallt.

12 UHR MITTAGS

HIGH NOON 1952

USA. Ein United Artists Film im Constantin-Filmverleih.

Produzent: Stanley Kramer.

Regie: Fred Zinnemann.

Drehbuch: Carl Foreman nach der Erzählung »The Tin Star« (Der Blechstern) von John W. Cunningham.

Kamera: Floyd Crosby.

Musik: Dimitri Tiomkin; das Lied »Do Not Forsake Me Oh My Darling« wurde von Tex Ritter gesungen, in der deutschen Fassung von Bruce Low.

Darsteller: Gary Cooper, Katy Jurado, Grace Kelly, Ian MacDonald.

Länge: 85 Minuten.

Deutsche Erstaufführung: 1953.

Am Tag seiner Hochzeit mit der Quäkerin Amy (Grace Kelly) erfährt Marshal Kane (Gary Cooper), dass der Bandit Frank Miller (Ian MacDonald) mit dem 12-Uhr-Zug in die Stadt kommen wird. Miller war vor fünf Jahren von Kane verhaftet worden, wurde zu lebenslänglichem Zuchthaus verurteilt und ist nun begnadigt worden und sinnt auf Rache. Zwischen Ankunft und Abfahrt des Zuges treibt die Handlung zum spannenden Höhepunkt. Helen Ramirez (Katy Jurado), früher die geliebte Millers, dann Kanes, fordert Amy auf, ihren Mann zu unterstützen.

Der Zug trifft ein, Miller steigt aus. Amy, jeder Gewalt abhold, steigt ein, auch Helen will mit dem Zug die Stadt verlassen. Kane, von den Bürgern feig im Stich gelassen, stellt sich Miller und seinen drei Kumpanen, die am Bahnhof auf den Schurken gewartet haben. Beim ersten Schuss steigt Amy aus dem Zug. Sie erschießt einen Banditen, der auf Kane angelegt hat. Miller nimmt Amy als Geisel, sie reißt sich los. Kane erschießt Miller. Die Menschen strömen herbei, Kane als Helden zu feiern. Doch er wirft ihnen den Blechstern vor die Füße und verlässt mit Amy die Stadt.

Lok Sierra No. 3 ist heute im »Railtown 1897 State Historic Park« in Jamestown/California zu Hause.

Gary Cooper und Grace Kelly – um 12 Uhr mittags.

Der Film spielt im Jahr 1870, spiegelt aber auch die Zeit seiner Entstehung wider.

Der Film erhielt drei Oscars: für den besten Hauptdarsteller, die beste Musik und den besten Schnitt (Elmo Williams).

Die Eisenbahnszenen wurden auf der Sierra Railroad in Warnerville, Kalifornien, gedreht. Auf dieser Eisenbahn entstanden seit 1919 etwa 50 Spielfilme, Werbespots und TV-Serien. Die Lokomotive ist ein sogenannter »Tenwheeler« der Bauart 2´C, amerikanisch 4-6-0, die Schlepptenderlok No. 3, die 1891 von Rogers für die Prescott & Arizona Central Railway gebaut wurde. Die Lok spielt in vielen Filmen mit.

Das Filmplakat von Klaus Dill ist auf Seite 4 zu sehen, hier zwei Entwürfe dazu.

KANSAS PACIFIC

KANSAS PACIFIC	1953
USA. Allied Artists.	
Produzenten: Walter Wanger, Edward Morey jr.	
Regie: Ray Nazarro.	
Drehbuch: Daniel B. Ullman nach seinem Theaterstück.	
Musik: Albert Sendrey.	
Kamera: Harry Neumann.	
Darsteller: Sterling Hayden, Eve Miller.	
Länge 73 Minuten.	
Deutsche Erstaufführung: 1953.	

1860, kurz vor dem Ausbruch des amerikanischen Bürgerkriegs. Den Bau der Kansas Pacific Railway wollen die konföderierten Südstaaten der USA verhindern. Sie sabotieren die Bauarbeiten. Die Bundesregierung entsendet einen Trupp unter dem Kommando von Captain John Nelson (Sterling Hayden), die den Bau der Eisenbahnlinie sichern sollen. In die fiktive Geschichte vom Eisenbahnbau und seiner Sabotage mischt sich die Liebesgeschichte von Nelson mit Barbara Bruce (Eve Miller), der schönen Tochter des Bauleiters.

Der Farbfilm wurde auf der Iverson Movie Ranch und der Sierra Railroad, heute Railtown 1897 State Historic Park in Jamestown, Kalifornien, gedreht. Der Produzent Walter Wanger saß damals im Gefängnis, weil er auf den Filmagenten Jennings Lang geschossen hatte, der eine Affäre mit Wangers Frau Joan Bennett hatte.

Der Star des Films, der in den Credits nicht erwähnt wird, ist die Dampflok »Sierra No. 3«, die in fast 40 Filmen mitgespielt hat und ebenso viele Auftritte im Fernsehen hatte. Die Lok, Bauart 4-6-0 (2´C) ist bei »12 Uhr mittags« schon erwähnt und gezeigt worden. 1891 wurde der Tenwheeler bei den Rogers Locomotive and Machine Works of Paterson, New Jersey, gebaut. Ursprünglich für die Prescott & Arizona Central Railway (P&AC) in Dienst, nach der Pleite dieser Eisenbahn ab 1897 bei der Sierra Railway Company.

Das deutsche Filmplakat von 1953.

Die »Sierra No. 3«, immer noch in Fahrt, ist die meistfotografierte Lok der Welt und wird die »Movie Star Locomotive« genannt.

TITFIELD EXPRESS

THE TITFIELD THUNDERBOLT	1953
Großbritannien. General Film Distributors (UK), Universal International.	
Produzent: Ealing Studios/Michael Balcon, Michael Truman.	
Regie: Charles Crichton.	
Drehbuch: T. E. B. Clarke.	
Kamera: Douglas Slocombe.	
Musik: Georges Auric.	
Darsteller: Stanley Holloway, George Relph, Naunton Wayne.	
Länge: 84 Minuten.	
Deutsche Erstaufführung: 1961.	

Das englische Filmplakat von Edward Bawden.

Die Idee zu dieser Komödie hatte Clarke, als er von der Restaurierung der Schmalspur-Eisenbahn der Talyllyn Railway in Wales erfuhr, der ersten Museumsbahn der Welt, die von privaten Eisenbahnfreunden betrieben wurde. Zudem wurde er inspiriert durch das Buch »Railway Adventure« von L. T. C. Rolt, 1952. Der Autor war ehrenamtlich für die Talyllyn Railway tätig. Der Ort Titfield ist eine Fiktion, setzt sich zusammen aus den realen Orten Titsey und Limpsfield in Surrey. Wie so viele Nebenstrecken der British Railways soll auch die Zugverbindung von und nach Titfield eingestellt werden. Die Bewohner, die auf die Eisenbahn angewiesen sind, um zur Arbeit zu fahren und um ihre landwirtschaftlichen Produkte zu transportieren, wollen auf die Zugverbindung nicht verzichten. Der Pfarrer, Reverend Sam Weech (George Relph) hat die Idee, die Eisenbahn als Lokalbahn zu betreiben. Mit der Unterstützung des reichen Walter Valentine (Stanley Holloway) soll die Kleinbahn in Betrieb gehen. Der Bürgermeister (Naunton Wayne) hat Bedenken, aber das Verkehrsministerium erteilt eine Genehmigung auf Probe. Die örtlichen Busunternehmer sabotieren die Eisenbahn, die Lok wird beschädigt. Der Reverend beschließt, die alte Lok »Thunderbolt« aus dem Museum heimlich auszuleihen.

Gefilmt wurde auf der Bristol and North Somerset Railway. Der Bahnhof Titfield war der Bahnhof von Monkton Combe.
Star des Films in der Rolle von Thunderbolt ist die funktionstüchtige Lok »Lion« der Liverpool and Manchester Railway, Baujahr 1838. Hergestellt bei Kitson & Co. in Leeds, Bauart B1´ n2, war die Lok nach der Außerdienststellung als Dampfmaschine in Betrieb. 1929 erwarb die Gesellschaft Robert Stephenson and Company die Maschine und restaurierte sie. Beheimatet ist die »Lion« im Liverpool Museum.

Die exakte grafische Rekonstruktion der »Lion« von Uwe Jarchow.

ORIENT-EXPRESS

ORIENT-EXPRESS	1954
DDR-Titel: Entscheidung in der Weihnachtsnacht	
Italien, Frankreich, Deutschland. Meteor/Fono/Sirius.	
Produzent: Valentino Brosio.	
Regie: Carlo Ludovico Bragaglia.	
Künstlerische Oberleitung: Roberto Rossellini.	
Drehbuch: Aldo de Benedetti, Paul Andreota, Kurt Heuser.	
Musik: Renzo Rossellini.	
Kamera: Aldo Tonti.	
Darsteller: Eva Bartok, Curd Jürgens, Silvana Pampanini.	
Länge: 84 Minuten.	
Deutsche Erstaufführung: 1956.	

Beatrice Landi (Silvana Pampini), die Dorflehrerin, war vor langer Zeit mit dem Zug ins Alpendorf zurückgekommen. Nun schaut sie sehnsüchtig jedem Zug hinterher. Doch sie kann das Dorf nicht verlassen, kein Zug hält hier.
Es ist der 24. Dezember 1903. Der Orient-Express wird von einer Lawine, die den Schienenweg versperrt, zum Halten gezwungen. Die Reisenden werden ins Dorf gebracht. Unter ihnen ist die Sängerin Roxane (Eva Bartok) in Begleitung von Baté (Curd Jürgens), der mehr ist als nur ihr Impressario. Roxane singt an Heiligabend in der Kirche das »Ave Maria« (»Aus fremden Menschen werden Freunde«) von Franz Schubert.
Beatrice fühlt sich zu Jacques, einem Journalisten aus der Reisegruppe, hingezogen. Als dieser in Verdacht steht, ein Hochstapler zu sein, verbirgt sie ihn in ihrem Zimmer. Am nächsten Morgen erweist sich der Verdacht als falsch.
Die Strecke ist vom Schnee freigeräumt. Der Orient-Express kann die Fahrt fortsetzen. Bleibt Beatrice bei ihrem Jugendfreund Giovanni, der sich in Roxane verliebt hat, oder fährt sie mit Jacques in die weite Welt?

Der Film wurde auf der Pustertalbahn gedreht. Die Schlepptenderlok zieht originale Wagons der CIWL (Compagnie Internationale des Wagons Lits et du Tourisme).
Dieser Farbfilm war nach dem Zweiten Weltkrieg die erste internationale Filmproduktion mit deutscher Beteiligung.

Die schöne Roxane und der elegante Baté.

Das Filmplakat von 1954.

KNOTENPUNKT BHOWANI

BHOWANI JUNCTION	1956
USA/Großbritanien. MGM.	
Produzent: Pandro S. Berman.	
Regie: George Cukor.	
Drehbuch: Sonya Levien, Ivan Moffat nach dem Roman »Bhowani Junction« (deutsch: »Knotenpunkt Bhowani«) von John Masters.	
Musik: Miklós Rózsa.	
Kamera: Frederick A. Young.	
Darsteller: Ava Gardner, Stewart Granger, Peter Illing.	
Länge: 110 Minuten.	
Deutsche Erstaufführung: 1956.	

1946/1947. Die britischen Truppen beginnen den Abzug aus Indien. Parteien und Volksgruppen ringen um die Vorherrschaft im unabhängigen Land. In die politischen Kämpfe ist das Schicksal der anglo-indischen Victoria Jones (Ava Gardner) verwebt. Sie tötet in Notwehr einen britischen Soldaten, der sie vergewaltigen will. Ein Inder hilft ihr, die Tat zu vertuschen. Sie wird seine Verlobte, schließlich die Geliebte von Colonel Rodney Savage (Stewart Granger), dessen Pflicht es ist, den ordentlichen Bahnbetrieb in Bhowani zu organisieren. Aber der Colonel wird bald Indien verlassen.

Zusätzlich zu den persönlichen Irrungen und Wirrungen der Menschen droht Bhowani in Chaos und Verderben zu versinken. Der Terrorist Ghanshyam (Peter Illing) plant einen Sprengstoff-Anschlag auf den Zug, mit dem Mahatma Ghandi unterwegs ist.

Der Farbfilm wurde in Pakistan gedreht, der Bahnhof von Lahore übernahm die Rolle des Knotenpunkts Bhowani. Die North Western Railway (NWR) stellte ihre Anlagen, Lokomotiven und Züge auf der indischen Breitspur 1676 mm für den Film zur Verfügung. Die Schlepptenderloks sind meist Tenwheeler der Bauart 2´C. Das Zugunglück, von Ghanshyam ausgelöst, wurde auf der Longmoor Military Railway (LMR) in der Nähe von London inszeniert. Vielleicht entstanden ein Teil der Aufnahmen auf der LMR anlässlich einer Übung, bei der die Rettungskräfte zeigen sollten, wie sie bei einem Unglück agieren könnten.

Das Filmplakat von 1956 für die Aufführungen in USA und UK.

Das deutsche Filmplakat von Georg Schubert aus dem Jahr 1956.

DIE UHR IST ABGELAUFEN

NIGHT PASSAGE	1957
USA. Universal.	
Produzent: Aaron Rosenberg.	
Regie: James Neilson.	
Drehbuch: Borden Chase nach einem Roman von Norman A. Fox.	
Musik: Dimitri Tiomkin.	
Kamera: William H. Daniels.	
Darsteller: James Stewart, Audie Murphy, Dan Duryea.	
Länge: 89 Minuten.	
Deutsche Erstaufführung: 1957.	

Schon zweimal wurden die Lohngelder für die Arbeiter an der Eisenbahn geraubt. Die Bande von Whitey Harbin (Dan Duryea) hat die Überfälle verübt. Der Boss der Eisenbahn heuert Grant McLaine (James Stewart) an, der auf den neuerlichen Geldtransport aufpassen soll. McLaine war vor fünf Jahren von der Eisengesellschaft gefeuert worden. Er wurde verdächtigt, an Überfällen beteiligt gewesen sein.
McLaine hat nun einen schwierigen Job. Zur Bande von Harbin gehört Utica Kid, der McLaines jüngerer Bruder ist. Die Bande überfällt den Zug mit den Lohngeldern, die McLaine versteckt hat. Er folgt den Banditen in ihr Versteck und behauptet, sich ihnen anschließen zu wollen. Ein Eisenbahnarbeiter, der Informant der Bande, erscheint und will seine Belohnung kassieren. Er erkennt McLaine. Es kommt zur Schießerei. Whitey schießt auf McLaine, doch Utica Kid wirft sich vor seinen Bruder. Er rettet dessen Leben, wird aber tödlich getroffen.

In diesem Farbfilm gibt es dramatische Eisenbahnszenen, und James Stewart durfte zu seiner Freude Akkordeon spielen und singen, eines der Lieder ist »You Can´t Get Far Without a Railroad«.

Der US-amerikanische Film »Überfall auf Express 44« (Last Bandit) von 1949 erzählt die Geschichte zweier Brüder, die Banditen waren, wovon der eine dann als Wachmann für die Eisenbahn arbeitet.

Ein Entwurf zum Filmplakat von Klaus Dill.

Das Filmplakat von Klaus Dill, 1957.

DER LETZTE ZUG VON GUN HILL

LAST TRAIN FROM GUN HILL	1958
USA. Paramount.	
Produzent: Hal B. Wallis.	
Regie: John Sturges.	
Drehbuch: James Poe nach der Erzählung »Showdown« von Les Crutchfield.	
Musik: Dimitri Tiomkin.	
Kamera: Charles Lang.	
Darsteller: Kirk Douglas, Anthony Quinn, Earl Holliman.	
Länge: 93 Minuten.	
Deutsche Erstaufführung: 1960.	

Der Sheriff Matt Morgan (Kirk Douglas) ist mit einer Indianerin verheiratet, das Paar hat einen Sohn. Mutter und Sohn werden von zwei Cowboys überfallen. Der junge Morgan kann auf einem Pferd der Cowboys fliehen, um seinen Vater zu Hilfe zu holen. Als der an den Tatort kommt, findet er seine Frau vergewaltigt und ermordet. Am Sattel des Pferdes, auf dem sein Sohn entkommen konnte, liest er die Initialen CB für Craig Belden (Anthony Quinn), einen früheren Freund.
Mit dem Zug fährt der Sheriff nach Gun Hill. Der Ort wird vom mächtigen Rancher Craig Belden beherrscht. Mit Entsetzen erfährt Belden, dass sein Sohn Rick (Earl Holliman) ein Mörder ist. Doch er weigert sich, seinen Sohn auszuliefern. Der Sheriff will in Gun Hill den Mörder Rick und dessen Kumpanen festnehmen. Belden und seine Männer verfolgen ihn. Morgan nimmt Rick fest. Am Bahnhof, vor Abfahrt des letzten Zuges am heutigen Tag, kommt es zum Showdown. Bei der Schießerei werden die beiden Mörder getötet. Der alte Belden schießt auf Morgan und wird selbst erschossen.

Der Farbfilm entstand bei Tucson. Der letzte Zug von Gun Hill wird von der Lok 22, Bauart 2´B, der South Western Railroad gezogen.

Das deutsche Plakat von Rolf Goetze, 1960.

Das belgische Plakat für das Remake von 1957.

Eine ähnliche Thematik hatte schon der Film »3:10 to Yuma«, deutsch: »Zähl bis drei und bete« im Jahr 1957 abgehandelt. Unter der Regie von Delmer Daves spielten Glenn Ford und Van Heflin die Hauptrollen.

Das Remake von 2007 hatte denselben Titel, deutsch: »Todeszug nach Yuma«. Regie hatte James Mangold, die Hauptrollen waren mit Christian Bale und Russell Crowe besetzt.

BRENNENDES INDIEN

THE NORTH WEST FRONTIER	1959
Großbritannien. Rank Film.	
Produzent: Marcel Hellman.	
Regie: J. Lee Thompson.	
Drehbuch: Robert Estridge, Frank S. Nugent.	
Musik: Mischa Spoliansky.	
Kamera: Geoffrey Unsworth.	
Darsteller: Lauren Bacall, Kenneth More, Herbert Lom, I. S. Johar.	
Länge: 129 Minuten.	
Deutsche Erstaufführung: 1960.	

Captain Scott und Catherine Wyatt.

Van Layden, Catherine Wyatt und Captain Scott.

Es ist das Jahr 1905. In den Bergen Indiens haben sich muslimische Rebellen zusammengetan, um aus dem Palast des Maharadschas den späteren Herrscher, den jetzt sechsjährigen Hindu-Prinzen, zu entführen. Captain Scott (Kenneth More) erhält von dem britischen Gouverneur den Auftrag, den Prinzen und seine amerikanische Gouvernante Catherine Wyatt (Lauren Bacall) aus der Stadt zu bringen. Scott, die Gouvernante und der Prinz verpassen den Zug.
Der Captain entdeckt eine alte Lok, die er zusammen mit dem indischen Besitzer Gupta (I. S. Johar) zum Fahren bringt.

Zu den Dreien gesellen sich zwei Männer, die Frau des Gouverneurs, Lady Windham, und ein zwielichtiger Herr namens van Layden (Herbert Lom). Der scheint mit den Rebellen zu sympathisieren, außerdem interessiert er sich verdächtig für die Wertsachen der Lady. Als es zum Streit zwischen Scott und van Layden kommt, eilt Catherine Wyatt zur Hilfe und erschießt van Layden. Die abenteuerliche Fahrt endet, als die Gruppe an ihrem Ziel ankommt.

Der englische Originaltitel verweist auf die indische Nordwest-Provinz (heute Pakistan). In den Vereinigten Staaten lief der Film unter dem Titel »Flame Over India«. Die meisten Außenaufnahmen dieses Farbfilms entstanden in der spanischen Provinz Granada auf der Sierra-Nevada-Linie.

Die »Empress of India« ist die breitspurige RENFE-Maschine der Reihe 030T. Sie gehört wohl zu einer der vier Tenderloks, die um 1900 von dem britischen Hersteller Kerr Stuart als N°. 42-45 an die Sur de Espana geliefert wurde. Bei der Andaluces wurden sie zur N° 209-212 und bei der spanischen Staatsbahn RENFE zu N° 030-0209 bis 030-0212.

Die Menschen auf der Flucht vor den Rebellen.

MANCHE MÖGEN'S HEISS

SOME LIKE IT HOT 1959

USA. United Artists.

Produzenten: Billy Wilder, I. A. L. Diamond, Doane Harrison.

Regie: Billy Wilder.

Drehbuch: Billy Wilder, I. A. L. Diamond.

Musik: Adolph Deutsch, Matty Malneck.

Kamera: Charles Lang.

Darsteller: Marilyn Monroe, Jack Lemmon, Tony Curtis, Joan Shawlee.

Länge: 120 Minuten.

Deutsche Erstaufführung: 1959.

Das amerikanische Filmplakat von 1959.

Chicago 1929 – die Zeit der Prohibition. Die beiden Musiker Jerry/Daphne (Jack Lemmon) und Joe/Josephine/Shell Junior (Tony Curtis) arbeiten in einem illegalen Club, wo Alkohol ausgeschenkt wird. Während einer Razzia können beide entkommen. Als sie ihr Auto aus der Garage holen, werden sie Zeugen, wie Gangster andere Gangster erschießen. Nun müssen sie vor den Killern fliehen. Sie schlüpfen in Frauenkleider, nennen sich Daphne (Lemmon) und Josephine (Curtis) und bekommen einen Job in der Damenkapelle von Sweet Sue (Joan Shawlee), die mit ihrer Kapelle ein Engagement im Seminole Ritz in Miami hat.

Die Kapelle nimmt den Zug nach Miami. Beide »Musikerinnen« verlieben sich in die Sängerin und Ukulelespielerin Sugar (Marilyn Monroe). Als Sugar beim Whiskeytrinken von Sweet Sue (Joan Shawlee) erwischt wird, behauptet Daphne, es sei ihre Flasche. Als alle schlafen, schleicht sich Sugar zu ihrer »Retterin« in die Schlafkoje, um sich zu bedanken. Die anderen Damen der Kapelle folgen und es wird eine feucht-fröhliche Party.
Im Ritz sind auch die Mafiakiller eingetroffen, die noch immer nach den Zeugen ihres Massakers suchen. Auf einer Mafiaversammlung werden die Garagenmörder von damals von den eigenen Leuten erschossen und wieder sind Joe und Jerry Zeugen. Polizei und Gangster jagen durchs Hotel.

Porträt Marilyn von Klaus Dill.

Nach vielen Verwicklungen will der Millionär Osgood Jerry/Daphne heiraten. Der nimmt seine Perücke ab, um zu beweisen, dass er keine Frau ist. Osgood: »Well, nobody is perfect«. Seitdem ist der Ausspruch »Nobody is perfect« (Niemand ist perfekt) auch in Deutschland zu einer Redensart geworden.
Der s-w-Film mit seinen Gags am laufenden Band gilt als der beste von Marilyn Monroe und er ist einer der besten amerikanischen Filmkomödien.

Der Zug, in dem ein Großteil des Films spielt, ist entweder der »Dixie Flyer« oder der »Dixie Limited«, die Schlafwagen von Chicago bis Miami führten. Die Schlafwagen im Film sind die Pullman-Wagen »Prior Lake« von 1929 und »Lake Mary« von 1923.

MIT MIR NICHT, MEINE HERREN

IT HAPPENED TO JANE 1959

USA. Columbia.

Produzenten: Richard Quine, Martin Melcher.

Regie: Richard Quine.

Drehbuch: Norman Katkov.

Musik: George Duning, Song »Twinkle and Shine« u. a. von Doris Day gesungen.

Kamera: Charles Lawton Jr.

Darsteller: Doris Day, Jack Lemmon, Ernie Kovacs, Steve Forrest.

Länge: 97 Minuten.

Deutsche Erstaufführung: 1959.

Wiederaufführung in USA als »Twinkle and Shine«.

Das deutsche Filmplakat von 1959.

Jane Osgood (Doris Day), eine attraktive Witwe mit zwei Kindern, Billy und Betty, verdient ihren Lebensunterhalt mit dem Züchten von Hummern in Cape Ann, Maine. Eines Tages schafft es die Eisenbahngesellschaft Eastern & Portland Railroad nicht, die Hummer pünktlich auszuliefern. Dadurch verliert Jane einen ihrer besten Kunden. Zusammen mit ihrem Anwalt, George Denham (Jack Lemmon), klagt sie gegen das rücksichtslose Management der Eisenbahn und ihren Vorsitzenden Harry Foster Malone (Ernie Kovacs). Weil die Eisenbahngesellschaft keinen Schadenersatz zahlen will, lässt Jane einen ihrer Züge pfänden. Jetzt lässt Malone keine Züge mehr nach Cape Ann fahren.

Durch ihren Kampf gegen die Eisenbahngesellschaft wird Jane berühmt und sie erhält viele Hummerbestellungen. Der gepfändete Dampfzug wird mit Hilfe vieler Menschen wieder in Gang gesetzt. Zum Schluss hilft sogar Malone, dass die Hummer pünktlich ausgeliefert werden können. Während der Fahrt gesteht George Denham der attraktiven Jane seine Liebe und macht ihr einen Heiratsantrag – den sie annimmt.

Die Dampflok 97 (1'D1') der Eastern & Portland RR spielt in diesem Farbfilm mit, außerdem ein Schienen-LKW und die Diesellok 2008.

Das amerikanische Filmplakat von 1959.

Doris Day

Szenen aus dem turbulenten Film.

16 UHR 50 AB PADDINGTON

MURDER SHE SAID	1961
Großbritannien. MGM.	
Produzent: George H. Brown.	
Regie: George Pollock.	
Drehbuch: David D. Osborn, David Pursall, Jack Seddon, nach einem Roman von Agatha Christie.	
Musik: Ron Goodwin.	
Kamera: Geoffrey Faithfull.	
Darsteller: Margaret Rutherford, Muriel Pavlow, Charles Tingwell.	
Länge: 83 Minuten.	
Deutsche Erstaufführung: 1962.	

Miss Marple (Margaret Rutherford) sitzt in einem Zug, als sie in einem vorbeifahrenden Zug glaubt zu sehen, wie eine Frau ermordet wird. Inspektor Craddock (Charles Tingwell), dem sie von ihrer Beobachtung erzählt, findet aber nirgends eine Leiche. Also macht sich Miss Marple auf die Suche und entdeckt an dem Landsitz Ackenthorpe Hall in der Nähe der Bahnstrecke mysteriöse Spuren. Sie lässt sich auf den Landsitz als Hausangestellte vermitteln. In einem Raum entdeckt sie eine Frauenleiche in einem Sarkophag. Nach einer Untersuchung steht fest, dass die Kleidung der Frau aus Frankreich stammt. Mrs. Ackenthorpe (Muriel Pavlow) hat in einem Brief von einer gewissen Martine aus Frankreich erfahren, dass sie mit Mrs. Ackenthorpes im Krieg gefallenen Bruder verheiratet gewesen sei und nun nach England kommen wird, um die Familie kennen zu lernen. Die Tote ist tatsächlich Martine. Verdächtigt werden die erbberechtigten Familienmitglieder. Während eines Abendessens werden Albert Ackenthorpe vergiftet und Harold Ackenthorpe erschossen. Miss Marple glaubt, den Mörder zu kennen und dient als Lockvogel. So kann sie den Mörder überführen.

Miss Marple sieht einen Mord.

Dieser s-w-Film beruht auf dem Roman »4:50 From Paddington« (16 Uhr 50 ab Paddington) der englischen Schriftstellerin Agatha Christie. In der Paddington Station, London, wurde ebenso gedreht wie entlang verschiedener Eisenbahnstrecken. Dabei kommen diverse Loks und Züge ins Bild.

Das deutsche Filmplakat von 1962.

Britische Museumsbahnen bieten noch heute die Möglichkeit, mit den Zügen aus der Zeit von Miss Marple zu reisen: 92214 der »East Lancashire Railway«.

DER TRANSPORT

DER TRANSPORT	1961
Deutschland. Fono Film.	
Produzent: Hermann Schwerin.	
Regie: Jürgen Roland, Herbert Viktor.	
Drehbuch: Heinz Oskar Wuttig, Michael Mansfeld, Paul H. Rameau, nach dem gleichnamigen Roman von Wolfgang Altendorf.	
Kamera: Heinz Hölscher, Ted Kornowicz.	
Darsteller: Hannes Messemer, Armin Dahlen, Peter Herzog.	
Länge: 92 Minuten.	

Der Transportzug mit einer Lok der Baureihe 50 (1'E h2) auf der Wutachtalbahn.

Das Drama beginnt 1945 vor Ende des Zweiten Weltkriegs, als der Reserveoffizier Felix Bleck (Hannes Messemer) den Auftrag erhält, 40 Strafgefangene an die Westfront zu bringen, die in einem Strafbataillon eingesetzt werden sollen. Die Gefangenen schmieden einen Fluchtplan, währenddessen Bleck mit Freundlichkeiten und Gefälligkeiten versucht, die Sympathie der Männer zu bekommen.
Während der Zugfahrt erhält Bleck immer unsinnigere Befehle aus der Heimat. Als er dann noch erfährt, dass seine Verlobte während eines Bombenangriffs getötet wurde, fasst er einen Plan. Zusammen mit den 40 gefangenen Männern übernimmt er den Zug und durchbricht mit ihm die feindliche Linie. Bleck und die 40 Männer haben sich damit in Kriegsgefangenschaft begeben und müssen nicht an der Front sterben.

Gedreht wurde der Farbfilm hauptsächlich auf der Sauschwänzlebahn (seit 1977 Museumseisenbahn) in Baden-Württemberg. Der offizielle Name lautet Wutachtalbahn. Sie führt heute von Blumberg-Zollhaus nach Weizen, überquert vier Brücken und fährt durch sechs Tunnels und zurück. Ihren Namen verdankt die Sauschwänzlebahn dem Tunnel »Große Stockhalde«; hier fährt der Zug quasi im Kreis, um 15 Höhenmeter zu überwinden. Ein weiterer Schauplatz des Films liegt in Rheinland-Pfalz; das Bahnhofsgebäude im Germersheim besteht heute noch.

Originalsaufnahme eines Truppentransportes, vermutlich aus Brest-Litowsk. Die originale Unterschrift lautete: »Mannschaften eines Truppentransportes angetreten zur Weiterfahrt auf einem Bahnhof im Osten«.

M. Ittenbach, Berlin
Freigegeben durch OKW (Heer) und Presseabteilung der Reichsregierung am 11. Dezember 1942

Zerstörung: 52 6176, eine im September 1943 von der BMAG ausgelieferte Maschine, gehörte zum Bw Bobrinskaja, als im Bahnhofsgelände unter ihr offenbar rechts und links eine Mine explodierte.

Hollnagel, Hamburg

Die zeitgenössische Unterschrift notierte lapidar: »Wehrmachturlauberverkehr«

M. Ittenbach, Berlin
Freigegeben durch OKW (Heer) und Presseabteilung der Reichsregierung am 25. August 1942

Lok der Baureihe 50, die seit 1939 gebaut wurden, in der exakten Seitenansicht. Grafik von Uwe Jarchow.

DAS ZWEITE GLEIS

DAS ZWEITE GLEIS	1962
DDR. DEFA.	
Produktion: KAG »Berlin«.	
Regie: Hans-Joachim Kunert.	
Drehbuch: Günter Kunert, Hans-Joachim Kunert.	
Musik: Pavel Simai.	
Kamera: Rolf Sohre.	
Darsteller: Albert Hetterle, Annekathrin Bürger, Horst Jonischkan, Walter Richter-Reinick.	
Länge: 80 Minuten.	

Erwin Runge und Walter Brock sind schicksalhaft verbunden.

Vera Brock (Annekathrin Bürger), technische Zeichnerin in einem RAW, lebt allein mit ihrem Vater Walter Brock (Albert Hetterle), die Mutter ist gestorben. Während einer Nachtschicht stellt Brock auf dem Güterbahnhof zwei Männer, die sich an einem Waggon zu schaffen machen. Der Fahrdienstleiter Brock und einer der Ganoven, Erwin Runge (Walter Richter-Reinick), glauben sich zu kennen. Runge beauftragt seinen Komplizen Frank Reisner (Horst Jonischkan) bei Brocks Tochter Vera nach der Familiengeschichte zu forschen. Vera und Frank verlieben sich und Vera erzählt, dass ihre Mutter in Küstrin bei einem Bombenangriff im Krieg getötet wurde und sie in ein Waisenhaus kam, wo ihr Vater sie 1946 wieder abholte.

Als Erwin Runge davon erfährt, erinnerte er sich, dass Küstrin nie bombardiert wurde und an einen Mann namens Walter Merkel in Küstrin. Inzwischen weiß Vera, das ihr Vater Merkel und nicht Brock heißt. Sie fährt mit Frank zu dem Waisenhaus und erfährt, dass sie als Vera Merkel von einer Frau Runge abgegeben wurde. Sie finden die Frau und erfahren, dass sie einst mit Erwin Runge verheiratet gewesen war. Weiter erzählt sie, dass Veras Mutter, Anneliese Merkel, einen Juden versteckt hatte, der von Erwin erschossen wurde. Vera wurde verhaftet und hingerichtet.

Frank, der nun die Wahrheit kennt, droht Erwin, ihn auffliegen zu lassen. Erwin entdeckt einen Schienenbruch. Frank soll in der Nachtschicht den Schaden beheben. Erwin stellt heimlich eine Weiche um und lässt einen Zug auf das gesperrte Gleis 2 fahren, Frank wird getötet.

Im Film sind der Ringlokschuppen und andere Anlagen von Halle (Saale) zu sehen, außerdem die DR-Lok 58 1602 und andere Maschinen der Gattung G 12.

Der s-w-Film geriet bald in Vergessenheit. Erst 2005 wurde »Das zweite Gleis« in New York im Rahmen einer DEFA-Retrospektive wieder aufgeführt. Heute heißt es, der Film sei einer der besten DEFA-Filme.

Durch den Bahnhof Hartenstein donnerte am 8. Mai 1976 die 58 1207 mit ihrem Güterzug. Die Strecke Zwickau–Aue–Johanngeorgenstadt im Erzgebirge war die letzte Hochburg der G 12.

DER ZUG

LE TRAIN – IL TRENO – THE TRAIN 1963

Frankreich, Italien, USA. Artists Associees/Ariane/Dear, United Artists.

Produzent: Jules Bricken.

Regie: John Frankenheimer, Bernard Farrel.

Drehbuch: Franklin Coen, Frank Davis, Walter Berustein, Albert Husson nach dem Roman »Le Front de l´art« von Rose Valland.

Musik: Maurice Jarre.

Kamera: Jean Tournier, Walter Wottitz.

Darsteller: Burt Lancaster, Jeanne Moreau, Paul Scofield.

Länge: 132 Minuten.

Deutsche Erstaufführung: 1964.

Das Filmplakat von 1964.

Der Widerstandskämpfer Labiche.

Die Nazi-Wehrmacht hat Frankreich besetzt. Doch die Landung der Alliierten steht bevor. Oberst von Waldheim (Paul Scofield) will wertvolle Gemälde ins Deutsche Reich bringen. Die Widerstandskämpfer der Résistance wollen das verhindern. Paul Labiche (Burt Lancaster), Lokführer der französischen Eisenbahngesellschaft SNCF und Kämpfer der Résistance, soll den Zug führen. Die Namensschilder der Bahnhöfe werden ausgetauscht, um die deutschen Wachmannschaften zu täuschen. So erreicht der Zug nicht das Deutsche Reich, sondern fährt im Kreis wieder nach Paris zurück. Hier werden die Wagen mit ihrer kostbaren Fracht abgekuppelt, Labiche und sein Heizer springen von der Lok ab, die eine andere Maschine rammt.
Inzwischen ist eine andere Lok von Widerstandskämpfern hinter dem Zug in Fahrt gebracht worden. Die Männer springen ab, die Lok rammt den letzten Wagen mit der deutschen Wachmannschaft und zerstört diesen. Dabei werden die Gleise beschädigt. Als die Deutschen den Zug wieder in Fahrt bringen, löst Labiche weiter voraus die Schrauben aus den Schwellen. Die Lok entgleist. Die deutschen Soldaten erschießen Geiseln und setzen sich ab. Oberst von Waldheim, der sich von den geraubten Kunstschätzen nicht trennen will, wird von Labiche erschossen. Damit Schönheit und Liebe in diesem Film nicht vermisst werden müssen, spielt Christine (Jeanne Moreau) auch eine Rolle.

Die Zusammenstöße der Lokomotiven wurden für den s-w-Film nicht vorgetäuscht, sie wurden wirklich durchgeführt. Vor allem einige Loks der Baureihe 230 B der SNCF spielten mit.

Der Zug mit den Geiseln.

JULES BRICKEN ZEIGT
BURT LANCASTER in
DER ZUG
PAUL SCOFIELD
MICHEL SIMON · SUZANNE FLON
WOLFGANG PREISS · RICHARD MÜNCH
UND ALS CHRISTINE
JEANNE MOREAU
REGIE: JOHN FRANKENHEIMER
UND BERNARD FARREL
UNTER DER KÜNSTLERISCHEN LEITUNG VON JOHN FRANKENHEIMER
UNITED ARTISTS
FSK 8 FREIGEG

MORD IM FAHRPREIS INBEGRIFFEN

COMPARTIMENT TUEURS	1965
Frankreich. PECF/Marianne.	
Produzent: Julien Derode.	
Regie: Costa-Gavras.	
Drehbuch: Costa-Gavras nach dem gleichnamigen Roman von Sébastien Japriso 1962, 1964 in Deutsch.	
Musik: Michel Magne.	
Kamera: Jean Tournier.	
Darsteller: Yves Montand, Jacques Perrin, Catherine Allégret, Pierre Mondy, Jean-Louis Trintignat, Simone Signoret, Michel Piccoli.	
Länge: 95 Minuten.	
Deutsche Erstaufführung: 1966.	

Inspektor Grazziani ermittelt.

Eliane Darrès ist auch ein Opfer.

Der Nachtzug fährt von Marseille nach Paris. In einem Liegewagenabteil treffen unterschiedliche Menschen zusammen, erzählen einander von ihrem Leben. Dann passiert ein Mord. Der wird aber erst in Paris von einem Bahnbediensteten entdeckt. Inspektor Grazziani (Yves Montand) und sein Kollege Gabert übernehmen den Fall der ermordeten jungen Frau. Sie vermuten ein Eifersuchtsdrama, und wollen zunächst mit den Mitreisenden sprechen. Aber die müssen erst einmal gefunden werden. Sie suchen aber nicht allein, auch der Mörder sucht nach den Zeugen des Mordes im Zugabteil. Ein rasanter Wettlauf beginnt. Als der erste Mitreisende gefunden ist und aussagen will, wird er auf der Toilette einer Boxveranstaltung erschossen. Auch die zweite Zeugin, Eliane Darrès (Simone Signoret), wird vor ihrer Aussage bei Inspektor Grazziani in einem Aufzug erschossen. Auch der dritte Zeuge kommt gewaltsam ums Leben.

Der Inspektor scheint immer zu spät zu kommen. Zwei jungen Mitreisende, Daniel (Jacques Perrin) und seine Freundin Bambi (Catherine Allégret), geraten nun in Gefahr. Sie begeben sich selbst auf Spurensuche und entlarven endlich den Mörder.

In diesem s-w-Film, der ersten Regiearbeit von Constantin Gavras, wird der Nachtzug von der SNCF-Elektrolok der Baureihe 2D2 9100, Bauart 2'Do2', gezogen.

Zwei Plakatentwürfe von Klaus Dill, 1966.

COLONEL VON RYANS EXPRESS

VON RYAN'S EXPRESS	1965
USA. 20th Century.	
Produzent: Saul David.	
Regie: Mark Robsen.	
Drehbuch: Wendell Mayes nach dem Roman »Von Ryans Express« von David Westheimer (deutsch: »Der späte Sieg des Commodore«).	
Musik: Jerry Goldsmith.	
Kamera: William H. Daniels.	
Darsteller: Frank Sinatra, Trevor Howard.	
Länge: 117 Minuten.	
Deutsche Erstaufführung: 1965.	

Raffaella Carrá spielt eine Nebenrolle.

Im August 1943 wird der amerikanische Flieger Colonel Joseph Ryan (Frank Sinatra) abgeschossen und kommt in ein italienisches Kriegsgefangenenlager. Dort macht er sich bei dem britischen Major Eric Fincham (Trevor Howard) und den britischen Soldaten unbeliebt, weil er deren Fluchtpläne vereitelt. Deshalb erhält der vermeintliche Nazi-Sympathisant den Spitznamen »Von Ryan«. Italien kapituliert und das Lager ist eine Weile ohne Bewacher. Die Gefangenen fliehen, werden aber bald von den einmarschierenden Deutschen wieder gefangen genommen. Die Deutschen wollen die Gefangenen in einem Güterzug nach Innsbruck und später nach Deutschland bringen. Die alliierten Soldaten können den Zug in ihre Gewalt bringen. Sie wollen damit in die Schweiz, in die Freiheit fahren. Aber die Deutschen entdecken die Flucht und fahren mit einem Zug hinterher. Da die Bahnschienen durch Bomben zerstört sind, versuchen die ehemaligen Gefangenen die Gleise zu reparieren. Sie schaffen das kurz bevor die Deutschen ihren Zug erreichen. Aber Ryan, als er auf den Zug aufspringt, wird von den deutschen Wehrmachtssoldaten erschossen.

Im Farbfilm sind zwei 1'D-Lokomotiven der FS (Ferrovie dello Stato Staliane), der italienischen Staatseisenbahn zu sehen.

Die Geflohenen reparieren die Gleise.

DIE GENTLEMEN BITTEN ZUR KASSE

DIE GENTLEMEN BITTEN ZUR KASSE 1966

Deutschland. ARD.

Produzent: Egon Monk.

Regie: John Olden, Claus Peter Witt.

Drehbuch: Henry Kolarz, Robert Muller.

Musik: Heinz Funk.

Kamera: Gerald Gibbs.

Darsteller: Horst Tappert, Hans Cossy, Günther Neutze, Karl-Heinz Hess.

Länge: 235 Minuten.

Diese Brücke bei Moringen diente als Drehort für den Postraub.

Die Geschichte zu diesem Fernsehdreiteiler schrieb das Leben. Erzählt wird der spektakuläre Postzugraub im August 1963 in Großbritannien. Die Gentlemen-Ganoven eroberten ohne Waffengewalt dabei 2.631.684 Pfund Sterling (heutiger Wert rund 55 Millionen Euro).

Mit einem Postzug werden regelmäßig große Mengen Geldscheine nach London gebracht, wo sie vernichtet werden sollen. Nach und nach entsteht der Plan, den Postzug zu überfallen. Daran sind ein Frisör (Günter Neutze), ein Gastwirt, zwei Antiquitätenhändler (Horst Tappert und Karl-Heinz Hess), ein Kunstmaler, ein Perückenmacher (Hans Cossy), ein Wettbürobetreiber, ein Gemüsehändler, ein Tankstellenbesitzer, ein Buchmacher, ein Rennfahrer und andere beteiligt. Über ein Jahr planen sie generalstabmäßig den Überall auf den Postzug. Da auch die Vorbereitungen viel Geld kosten, überfallen sie einen Geldtransporter in London. Sie erwerben eine Farm in der Nähe von London. Dann geht´s los. Sie bringen den Zug an einsamer Stelle zum Stehen. Die Lok mit dem Packwagen voller Geld wird vom übrigen Zug abgekoppelt und bis zur nächsten Brücke gefahren. Hier werfen die Räuber die 120 Geldsäcke hinunter, sie werden auf bereit stehende LKW umgeladen und zur Farm gefahren.
Die Gruppe zerstreitet sich, wird an Scotland Yard verraten. Die Gentlemen bekommen Strafen zwischen 20 und 30 Jahren. Von der Beute wird nur wenig gefunden.
Die Tatsache: Anführer ist Bruce Reynolds, mit dabei sind u. a. Ronald Biggs und Buster Edwards. Reynolds und Edwards gelingt die Flucht nach Mexiko, sie werden aber später verhaftet und kommen in England in Haft. Biggs flieht später und setzt sich mit gefälschten Papieren nach Brasilien ab. Erst nach elf Jahren wird er entdeckt, aber nicht nach England ausgeliefert. Nach schwerer Erkrankung kehrte er freiwillig 2001, fast 40 Jahre nach dem Postzugraub, nach England zurück, wird inhaftiert und 2009 entlassen. Er stirbt 2013.

Im Birmingham Railway Museum ist ein Postwagen des Zugs, der aber nicht an dem Überfall beteiligt war, ausgestellt. Jahre nach dem Postzugraub wurde der überfallene Waggon M30204M verbrannt, die Lok 1984 verschrottet.

Die Baureihe V 200 war der Stolz der Deutschen Bundebahn der 1950er-Jahre. Im Film spielte eine Lok der Baureihe eine Diesellok von British Rail. Die Aufnahem zeigt V 200 005, die Anfang der 1960er-Jahre der 01 122 als Vorspannlok vor dem Schnellzug D 191 unterstützte, der gerade in Gemünden einen Zwischenhalt einlegte.
Foto: C. Bellingrodt, Slg. H.-G. Kleine, Archiv transpress

ROBBERY

ist ein Farbfilm aus dem Jahr 1967, deutscher Titel: »Überfall«. Der Regisseur Peter Yates hatte eine Vorliebe für schräge Gangster und atemberaubende Spannung. In Yates Film wird ein Juweliergeschäft ausgeraubt und damit der Überfall auf einen gut gesicherten britischen Postzug finanziert. An der Planung und dem Überfall sind 26 unterschiedlicher Männer beteiligt. Ein spannungsgeladener Film, so aufregend wie der Postzugraub selbst. Der Film ist 109 Minuten lang.

Die Gangster haben den Postzug überfallen …

… und zählen die Beute

BUSTER

ist ein Film aus dem Jahr 1988. Buster Edwards, der an dem spektakulären Postzugraub 1963 in England beteiligt war, ist die Hauptperson dieses Films. Er erzählt seine Lebensgeschichte, vom Überfall, seiner Flucht nach Mexiko, von seiner Frau bis zu seiner Verhaltung und Entlassung. Buster wird von Phil Collins gespielt. Regie führte David Green, das Drehbuch schrieb Colin Shindler. Der Film ist 94 Minuten lang. Bemerkenswert die Songs von Phil Collins, die alle erfolgreich wurden. »A Groovy Kind of Love« und »Two Hearts« erreichten vordere Plätze der internationalen Charts. »Two Hearts« wurde 1989 als bester Song für den Oscar nominiert.

GEFANGEN IN RIO

ist ein Farbfilm aus dem Jahr 1988, der englische Titel lautet: »Prisoner of Rio«. Ronald Biggs, genannt Ronnie (Paul Freeman), schafft es nach dem Postzugüberfall Scotland Yard an der Nase herumzuführen. Er reist durch verschiedene Länder, bis er in Rio de Janeiro elf Jahre in Frieden vor der Strafverfolgung lebt. Scotland Yard gibt nicht auf und setzt Jack McFarland (Steven Berkoff) auf Biggs an, damit er ihn entführt und nach England bringt. Aber die Verfolger von Biggs haben nicht an den Karneval in Rio gedacht … Die Regie führte Lech Majewski, der Film war eine Koproduktion zwischen Großbritannien, Polen, Schweiz und Brasilien. An dem Drehbuch hat auch Biggs mitgeschrieben, die Musik stammt von Hans Zimmer und Luiz Bonfà. Der Film ist 101 Minuten lang.

Ronald Biggs genießt das Leben in Rio.

SPIEL MIR DAS LIED VOM TOD

C'ERA UNA VOLTA IL WEST	1968
Italien, USA. Rafram/Euro International/Paramount.	
Produzent: Bino Cicogna.	
Regie: Sergio Leone.	
Drehbuch: Dario Argento, Sergio Leono, Sergio Donati, Mickey Knox.	
Musik: Ennio Morricone.	
Kamera: Tonino Delli Colli.	
Darsteller: Henry Fonda, Claudia Cardenale, Charles Bronson, Jason Robards, Gabriele Ferzetti.	
Länge: 165 Minuten.	
Deutsche Erstaufführung: 1969.	

Auf einem Bahnhof spielt ein Mann auf der Mundharmonika ein trauriges Lied. Es kommen drei Männer, die von »Mundharmonika« (Charles Bronson) erschossen werden, unter ihnen Frank (Henry Fonda).

Rückblende: Morton (Gabriele Ferzetti) will an der Eisenbahnstrecke zum Pazifik eine Bahnstation errichten. Brett McBain wird dafür angeheuert. Brett hatte sich entlang der Bahntrasse Land gekauft, um vermögend zu werden. Sollte die Station nicht rechtzeitig fertig werden, bekommt Morton seine Farm. Morton setzt Frank und seine Bande auf Brett an. Brett hatte inzwischen zum zweiten Mal geheiratet. Bevor seine Frau Jill (Claudia Cardinale) auf seiner Farm ankommt, werden Brett und seine drei Kinder von Frank und seiner Bande erschossen. Jill muss Bretts Erbe antreten und die Bahnstation fertig bauen. Der Bandit Cheyenne (Jason Robards) wird zunächst für den Mörder gehalten, bis der Mundharmonikaspieler auftaucht und die Wahrheit erzählt. Er, Cheyenne und seine Freunde helfen Jill, die Bahnstation fertig zu errichten. Morton schickt Frank und seine Bande los, um Jill zu töten. Bei dem Kampf werden fast alle getötet, Cheyenne wird verletzt. Der Mundharmonikaspieler und Frank stehen sich gegenüber, der Mundharmonikaspieler ist schneller und erschießt Frank. Cheyenne stirbt, »Mundharmonikaspieler« reitet davon. Jill lebt auf der Farm und der erste Zug erreicht Sweetwater.
Am Anfang des Farbfilms fährt ein Zug aus Personenwagen mit Güterwagen – korrekt also ein Personenzug mit Güterbeförderung (PmG) – durch die Szenerie, vor dem eine Lok der Art »Consolidation«, 2-8-0 oder 1'D, gespannt ist. Wenn am Ende des Films ein Zug in Sweetwater ankommt, wird der auch von einer Consolidation gezogen.
Die Eisenbahnszenen wurden in Spanien gedreht. Die Dampflok gehörte der Alquife Mine Railway, die Wagen der spanischen Staatsbahn RENFE.

Das deutsche Film-
plakat von 1969.

DIE OLSEN-BANDE STELLT DIE WEICHEN

AUCH: DIE OLSEN-BANDE: AUF DEN SCHIENEN IST DER TEUFEL LOS

OLSEN-BANDEN PA SPORET	1975
Dänemark. Nordisk Films.	
Produzent: Bo Christensen.	
Regie: Erik Balling.	
Drehbuch: Henning Bas, Erik Balling.	
Musik: Bent Fabricius-Bjerre.	
Kamera: Claus Loof.	
Darsteller: Ove Sprogøe, Morten Grundwald, Poul Bundgaard, Kirsten Walther, Jes Holtso, Ove Verner Hansen.	
Länge: 105 Minuten, BRD 89 Minuten.	
Deutsche Erstaufführung: 1976 DDR.	

Egon und seine Kumpane als Zugräuber.

Dieser siebte Farbfilm von insgesamt 14 Filmen mit der Olsen-Bande beginnt mit dem Ende des sechsten Films. Die Olsen-Bande genießt ihren Reichtum auf Mallorca. Das Dumme Schwein (Ove Verner Hansen) spürt sie auf und raubt den Koffer mit dem Geld. Auf der Suche nach dem Koffer, wird der Bandenchef Egon (Ove Sprogøe) reingelegt und kommt in Haft, nach der Haftentlassung will die Bande das Geld, das inzwischen in Goldbarren angelegt wurde, mit einem Tresorwagen in die Schweiz bringen. Die Olsen-Bande stiehlt eine Rangierlok vom Typ DSB Traktor 56/57 und bringt die Goldbarren zum Hafen, wo sie auf einen LKW umgeladen werden sollen. Der altersschwache LKW bricht unter der Last zusammen, die Bande flüchtet ohne die Goldbarren. Die Olsen-Bande versucht später, den Tresorwagen von einem Zug abzukoppeln, wodurch es wieder zu vielen Tumulten kommt. Da am selben Tag auch der Sommerfahrplan in Kraft tritt, verursacht die Bande einen Kurzschluss, es entsteht ein heilloses Durcheinander im Bahnverkehr. Nach einer Verfolgungsjagd kann die Olsen-Bande das Geld endlich in Norwegen abliefern. Dafür wird Egon Aufsichtsratsvorsitzender, die beiden anderen Vizedirektoren. Aber die Geschichte endet nicht hier.

Eines Tages fragt die Finanzbehörde nach dem Geld, das nirgends verbucht ist. Egon wird wegen Steuerhinterziehung erneut verhaftet.

Räuber ist ein anstrengender Beruf.

Tatort Bahnhof.

In der DDR wurde der Film im Kino gezeigt, in der Bundesrepublik zeigte 1989 das ZDF den Film unter dem Titel »Auf den Schienen ist der Teufel los«.

Im Danmarks Jernbanemuseum steht die Rangierlok vom Typ Traktor 57, die in dem Film benutzt wurde.

DIE FAUST DER REBELLEN

BOXCAR BERTHA	1972
auch: Bloody Song of Freedom	
USA. AIP (American International Pictures).	
Produzent: Roger Corman.	
Regie: Martin Scorsese.	
Drehbuch: Joyce Hooper Corrington, John William Corrington nach dem Buch »Sister of the Road – The Biography of Boxcar Bertha« von Ben L. Reitmann.	
Musik: Gib Guilbeau, Thad Maxwell.	
Kamera: John M. Stephens, Gayne Rescher.	
Darsteller: Barbara Hershey, David Carradine, Barry Primus, Bernie Casey.	
Länge: 88 Minuten.	
Deutsche Erstaufführung: 1973, gekürzte Fassung 73 Minuten, ungekürzt 1982 ZDF.	

Boxcar Bertha.

Die USA während der Depressionszeit zu Beginn der 1930er Jahre. Bertha (Barbara Hershey) verliert sechzehnjährig ihren Vater und schlägt sich auf der Straße durch. Ihre Freunde sind Big Bill (David Carradine) und Von Morton (Bernie Casey).

Big Bill Shelly kämpft für die Bahngewerkschaft. Mit Bill verbringt Bertha ihre erste Liebesnacht in einem geschlossenen Güterwagen (boxcar). Am nächsten Morgen findet sie nur etwas Geld vor, das sie durch Würfelspiel vermehrt. Dabei lernt sie den Spieler Rake (Barry Primus) kennen. Beide verlieben sich ineinander. Später erschießt Bertha einen Spieler, der Rake Brown des Falschspiels überführt. Beide fliehen auf einem Güterzug. Sie trifft wieder Bill. Die Polizei nimmt mehrere Männer fest, darunter auch Rake und Bill, Bertha kann fliehen. Im Gefängnis trifft Bill wieder auf Von Morton. Nach einem Massaker an den Gefangenen, befohlen von dem Bahndirektor, überleben nur Bill, Von Morten und Rake. Bertha kann ihre Freunde wieder befreien und es beginnt ein Kampf gegen den Bahndirektor. Die Gruppe überfällt Züge und beraubt sogar die Gäste einer Party des Bahndirektors.

Bei einem späteren Überfall wird Rake getötet, Bertha kann entkommen, aber ihre Freunde werden zu Zwangsarbeit verurteilt. Bill und Morton können aus dem Lager fliehen und treffen Bertha wieder, die inzwischen als Prostituierte arbeitet.

Die drei leben zusammen, bis eines Tages die Häscher des Bahndirektors sie wieder aufspüren. Bill wird an einem Güterwaggon gekreuzigt, Bertha muss zuschauen. Von Morton erschießt die Männer der Eisenbahn, der Zug fährt los und Bertha läuft in diesem Farbfilm hinterher bis er am Horizont verschwindet.

Big Bills Kreuzigung.

DIE GROSSE REISE DER AGATHE SCHWEIGERT

DIE GROSSE REISE DER AGATHE SCHWEIGERT 1972
DDR.
Produktion: DEFA für DFF Deutscher Fernsehfunk.
Regie: Joachim Kunert.
Drehbuch: Joachim Kunert, Hans Müncheberg nach der Erzählung »Agathe Schweigert« von Anna Seghers.
Musik: Gerhard Wohlgemuth.
Kamera: Wolfgang Pietsch.
Darsteller: Helga Göring, Holm Henning Freier, Helmut Gauß, Monica Bielenstein.
Länge: 102 Minuten.

Anna Seghers, mit der die Schauspielerin Helga Göring eine gewisse Ähnlichkeit hat.

Im Film ist vor einem Lokrundschuppen eine Lok der Baureihe 41 zu sehen. Diese Maschinen der Bauart 1´D1´ h2 waren Einheitslokomotiven, die ab 1936 gebaut wurden und noch vereinzelt bis 1981 in Betrieb waren. Als Museumsloks sind einige noch in Betrieb. Die exakte Darstellung der Lok stammt von Uwe Jarchow.

Dieser berührende Farbfilm ist kein direkter Eisenbahnfilm. Aber wichtige Etappen der großen Reise der Agathe Schweigert werden mit der Eisenbahn erfahren. So sehen die Zuschauer oftmals Agathe in einem Eisenbahnabteil, und sie schauen wie Agathe aus dem Fenster auf die vorbeiziehende Landschaft. Die Geschichte der großen Reise wird immer wieder durch Rückblenden erklärt.

1937. Es sind die ersten Jahre der Nazi-Herrschaft in Deutschland. In einer kleinen Stadt lebt die Witwe Agathe Schweigert (Helga Göring), deren Mann Rangierer bei der Reichsbahn war. Sie betreibt ein ererbtes Kurzwaren-Geschäft, in dem auch Nazi-Artikel wie Armbinden mit Hakenkreuz verkauft werden. Ihr Sohn Ernst (Holm Henning Freier), den sie abgöttisch liebt, missbilligt das. Die Mutter rechtfertigt sich, dass sie auch damit das Geld für sein Studium verdiene. Ernst ist ein Antifaschist und beteiligt sich an Aktionen gegen die Nazis. Sein Freund Reinhold Schanz (Helmut Gauß) schleicht sich eines Abends in die Wohnung der Schweigerts und übergibt Agathe einen Brief, in dem Ernst um Geld und Kleidung bittet und mitteilt, dass er verschwinden müsse.

Agathe erhält aus Frankreich Briefe von ihrem Sohn. Eines Tages kommt ein Brief von ihr an Ernst zurück: Empfänger unbekannt. Sie beschließt, ihren verlorenen Sohn zu suchen. Mit der Behauptung, die Pariser Weltausstellung besuchen zu wollen, erhält sie ein Visum. Sie schließt ihren Laden und beginnt ihre große Reise. Im Pariser Hotel, in dem ihr Sohn zeitweise gewohnt hatte, erfährt Agathe, dass Ernst nach Toulouse weitergezogen ist. Mit dem Zug fährt sie in die südfranzösische Stadt. Hier wird ihr kundgetan, dass Ernst jetzt in Spanien ist. Er kämpft in den Internationalen Brigaden für die spanische Republik, gegen die Faschisten. Mit Menschen, die nach Spanien ziehen, unter ihnen Interbrigadisten, geht die Reise mit dem Zug weiter; schließlich zu Fuß in einem Eisenbahntunnel in den Pyrenäen von Frankreich nach Spanien. Ein republikanischer Grenzbeamter fragt Agathe, warum sie nach Spanien wolle. Ein Mann aus der Gruppe sagt,

dass ihr Sohn für Spaniens Freiheit kämpfe. Als Erster sagt der Grenzer respektvoll zu Agathe: »Compañera« – »Genossin«, und lässt sie einreisen.
Agathe arbeitet in einem Lazarett, in dem auch die Krankenschwester Luisa (Monica Bielenstein), die geliebte Freundin von Ernst, arbeitet. Die beiden Frauen erhalten schließlich die Nachricht, dass Ernst gefallen sei.

Die Franco-Faschisten rücken vor. Der Oberarzt im Lazarett hat kaum noch Medikamente. Er ist verbittert und beklagt, dass England und Frankreich Lieferungen blockieren, weder Medikamente noch Waffen gelangen ins freie Spanien. Aber Nazi-Deutschland und Mussolini-Italien unterstützen auf viele Arten die Faschisten.

Das Lazarett muss evakuiert werden. Die Menschen fliehen vor den anrückenden Faschisten. Agathe gelangt mit einer Familie nach Frankreich. Hier trifft sie Reinhold Schanz. Er erzählt, dass Mexiko und andere Länder in Südamerika Asyl angeboten haben. Ob Agathe mitkommen oder ob sie zurück nach Deutschland wolle. »Nein«, sagt sie, »ich will mit euch.«

Die Erzählung der Anna Seghers (eigentlich Netty Radvanyi geb. Reiling, 1900 bis 1983), 1965 erstmals veröffentlicht, endet so:

Im Frühjahr 1941 schlief ich auf einer Antillen-Insel in einer Baracke mit vielen spanischen Frauen. Wir warteten alle auf Schiffe, um in die Länder zu fahren, die uns Asyl versprochen hatten. Die spanischen Frauen sangen oft, sie waren erregt in Leid und Freude, in Sicherheit und Ungewissheit. Unter ihnen saß eine kleine dünne Frau, grau waren ihr Haar und ihr Gesicht ... Ich fragte sie, woher sie stamme, und sie erwiderte: »Aus dem Rheinland, aus Algesheim.« Wir saßen an diesem Abend lange zusammen. Bald darauf fuhr ich ab. Ich weiß nicht, ob sie noch lebt. Hier steht, was ich von ihr weiß.

Algesheim, heute Gau-Algesheim, in Rheinhessen, wo die große Reise beginnt, wird im Film von einer kleinen Stadt in der DDR dargestellt. Die Eisenbahnfahrt in die Pyrenäen und spanische Landschaften wurden in Spanien gedreht, wo noch die Faschisten unter dem Diktator Franco brutal herrschten. Deswegen wurden die Szenen im Lazarett auf der Krim, die Flucht aus Spanien im Kaukasus gedreht.

Agathe Schweigert im Zug. Das DVD-Cover gibt an »Nach einem Roman von Anna Seghers« – es ist aber eine Erzählung.

LE TRAIN – NUR EIN HAUCH VON GLÜCK

LE TRAIN	1973
Noi due senza domani	
Frankreich, Italien. Lira/Capitolina.	
Produzent: Raymond Danon.	
Regie: Pierre Granier-Deferre.	
Drehbuch: Pierre Granier-Deferre, Pascal Jardin nach dem Roman »Le Train« (deutsch: »Der Zug«) von Georges Simenon.	
Musik: Philippe Sarde.	
Kamera: Walter Wottitz	
Darsteller: Jean-Louis Trintignant, Romy Schneider, Nike Arrighi.	
Länge: 95 Minuten.	
Deutsche Erstaufführung: 1974.	

Julien gibt Anna als seine Frau aus, um sie zu retten.

Julien und Anna im Zug.

Im Jahr 1940 marschieren die Deutschen in Frankreich ein. Die Bewohner eines kleinen französischen Orts werden evakuiert und mit einem Zug nach Westen gefahren. Julien Maroyeur (Jean-Louis Trintignant) muss in einen Güterwagen, seine schwangere Frau Monique (Nike Arighi) fährt in der 1. Klasse. In dem Güterwagen treffen die unterschiedlichsten Menschen aufeinander, darunter ist auch Anna Kupfer (Romy Schneider), eine Jüdin aus Deutschland. Unterwegs kommt es immer wieder zu Störungen im Bahnverkehr. Der Wagen, in dem Julien und Anna sitzen, wird von den übrigen Wagen getrennt. Inzwischen ist die Stimmung im Waggon aufgeladen und richtet sich hauptsächlich gegen die geheimnisvolle Anna. Julien verteidigt und beschützt sie. Anna berichtet Julien von ihrer Verfolgung durch die Deutschen. Als sie in La Rochelle an der Atlantikküste kontrolliert werden, gibt Julien Anna als seine Frau aus. Julien findet seine Frau mit dem geborenen Kind wieder, Anna verschwindet.

1944 lebt Julien ein fast normales Leben mit seiner Familie, als eines Tages die Gestapo ihn verhört. Sie hat Anna gefunden und mit ihr Papiere, die sie als Frau von Julien ausweisen. Es kommt zur Gegenüberstellung. Julien nimmt zärtlich Abschied.

Die Dampflok in diesem Farbfilm ist die Schlepptenderlok 230 G 353,Bauart 2'C, der SNCF, 1923 in den Batignolles Werken in Paris gebaut. Ihr Einsatzgebiet war vor Eil- und Lokalzügen und Güterzügen. Ihre jetzige Betriebsnummer erhielt sie 1938 nach der Übernahme durch die SNCF. Ihre letzte reguläre Fahrt fand am 2. April 1970 statt, später spannte man sie vor Sonderzüge – und sie war der Star in verschiedenen Kinofilmen wie zum Beispiel in »Mord im Orient-Express« (Seite 108).

Das deutsche Filmplakat von 1974.

EIN ZUG FÜR ZWEI HALUNKEN

EMPEROR OF THE NORTH	1973
USA. 20th Century Fox.	
Produzenten: Kenneth Hyman, Stan Hough.	
Regie: Robert Aldrich.	
Drehbuch: Christopher Knopf nach dem Roman »The Road« (deutsch: »Abenteurer des Schienenstrangs«) von Jack London, der selbst ein Hobo gewesen war.	
Musik: Frank De Vol.	
Kamera: Joseph F. Biroc.	
Darsteller: Lee Marvin, Ernest Borgnine, Keith Carradine.	
Länge: 118 Minuten.	
Deutsche Erstaufführung: 1973.	

1933; es ist in den USA die Zeit der Großen Depression. Der Farbfilm erzählt die Geschichte der Hobos, das sind Wanderarbeiter, die auf Güterzüge aufspringen und durchs Land reisen, um Arbeit zu finden. Ass No. 1 (Lee Marvin) ist ein erfahrener Hobo. Eines Tages gelingt es ihm, auf den Zug Nr. 19 aufzuspringen. Zugführer ist Shack (Ernest Borgnine), der mit allen Mitteln versucht, die Hobos von seinem Zug zu vertreiben. Auch dem unerfahrenen Cigaret (Keith Carradine) gelingt es, auf diesen Zug aufzuspringen. Shack entdeckt die beiden Hobos und sperrt sie in einen Waggon. Ass No. 1 findet einen Ausweg und beiden gelingt die Flucht. Cigaret weicht ihm fortan nicht mehr von der Seite. Cigaret will ein ebenso erfolgreicher Hobo werden wie Ass No. 1. Der wettet mit Hobos und Bahnarbeitern, dass er es als einziger schaffen wird, auf den Zug Nr. 19 aufzuspringen und bis Portland mitzufahren. Cigaret will beweisen, dass er das auch kann. Er ist aber beim Aufspringen so ungeschickt, dass Shack beide entdeckt. Es kommt zu einem unerbittlichen Kampf in einem offenen Güterwaggon. Ass No. 1 stößt Shack aus dem Zug. Cigaret brüstet sich damit, dass er an dieser Tat beteiligt gewesen wäre. Ass No. 1 ist so genervt von dem Angeber, dass er auch ihn aus dem Zug wirft.

Der Farbfilm wurde auf der Oregon Pacific & Eastern Railway gedreht. Eine der eingesetzten Schlepptenderloks ist die Maschine mit der No. 5, eine Consolidation (2-8-2, Bauart 1´D1).

Das deutsche Filmplakat von 1973.

MORD IM ORIENT-EXPRESS

MURDER ON THE ORIENT EXPRESS
1974

Großbritannien.

Produktion: G. W. Films/John Brabourne, Richard B. Goodwin.

Regie: Sidney Lumet.

Drehbuch: Paul Dehn nach dem gleichnamigen Roman von Agatha Christie.

Musik: Richard Rodney Bennett.

Kamera: Geoffrey Unsworth.

Darsteller: Albert Finney, Lauren Bacall, Ingrid Bergmann, Jacqueline Bisset, Sean Connery, Anthony Perkins, Vanessa Redgrave, Richard Widmark.

Länge: 131 Minuten.

Deutsche Erstaufführung: 1975.

Hercule Poirot ermittelt.

Am Anfang des Films wird der Fall eines kleinen Mädchens kolportiert, das entführt und nach der Zahlung des Lösegeldes ermordet aufgefunden wurde. Das erinnert an den wirklichen Fall des Lindbergh-Babys.

Fünf Jahre später reist der Detektiv Hercule Poirot (Albert Finney) im Orient-Express über Istanbul zurück nach London. Nachts während der Fahrt durch Jugoslawien wird Mr. Ratchett (Richard Widmark) ermordet.
Der Orient-Express steckt auf freier Strecke im Schnee fest. Der Telegraf funktioniert nicht. Hercule Poirot übernimmt auf Bitten seines Freundes, des Direktors der Eisenbahngesellschaft, der sich ebenfalls im Zug befindet, die Aufklärung des Mordes. Er stellt fest, dass der Ermordete der Verbrecher Casetti ist, der damals das kleine Mädchen entführt und umgebracht hat. Nun ist Casetti selbst ermordet worden – mit zwölf Messerstichen. Hercule Poirot löst den Fall.

Der Film wurde für sechs Oscars nominiert, Ingrid Bergmann erhielt die begehrte Auszeichnung. Die Dampflok 230 G 353, Bauart 2´C, die in diesem Film den Zug zieht, ist ein Filmstar. In acht Filmen spielt sie mit, zum Beispiel in »Le Train« (Seite 104). Die Lok wurde 1923 in den Batignolles-Werken, Paris, gebaut. Inzwischen restauriert, gehört sie immer noch der SNFC, ist ein Ausstellungsstück und geht manchmal auf Fahrt.
»Mord im Orient-Express« wurde 2001 als US-Fernsehfilm in modernisierter Fassung neu gedreht. 2009 nochmals für das englische und amerikanische Fernsehen in einer Poirot-Serie produziert.

Der Orient-Express – »Zug der Könige, König der Züge« – war ab 1883 der erste Luxuszug Europas, betrieben von der Compagnie International des Wagons-Lits (CIWL). Auf wechselnden Strecken unterwegs, wurde der fahrplanmäßige Verkehr 2009 eingestellt. Heute fahren touristische Sonderzüge des Orient-Express.

Die Lok 230 G 353, die im Film vor die Wagen des Orient-Express gespannt ist.

STOPPT DIE TODESFAHRT DER U-BAHN 123

THE TAKING OF PELHAM ONE TWO THREE 1974

USA. United Artists.

Produzenten: Gabriel Katzka, Edgar J. Scherick.

Regie: Joseph Sargent.

Drehbuch: Peter Stone nach dem gleichnamigen Roman von John Godey.

Musik: David Shire.

Kamera: Enrique Bravo, Owen Roizman.

Darsteller: Walter Matthau, Robert Shaw, Martin Balsam, Hector Elizondo, Earl Hindman.

Länge: 100 Minuten.

Deutsche Erstaufführung: 1974.

Die U-Bahn Pelham 123.

Ein Farbfilm voller atemloser Spannung und rabenschwarzem Humor. In New York wird von vier Gangstern eine U-Bahn gekapert. Die Vier nennen sich Mr. Blue (Robert Shaw), Mr. Green (Martin Balsam), Mr. Grey (Hector Elizondo) und Mr. Brown (Earl Hindman). Innerhalb einer Stunde verlangen sie ein Lösegeld in Höhe von 1 Million Dollar. Leutnant Zachary Garber (Walter Matthau) verhandelt mit den Gangstern. Weil der Bürgermeister mit Schnupfen und Husten zu Hause im Bett liegt, dauert es, bis der Bürgermeister das Geld freigibt. Die Gangster erhalten das geforderte Geld und springen aus dem Zug, den sie führerlos durch den Tunnel rasen lassen, bis der Zug automatisch gestoppt wird. Ein Fahrgast sieht, wie die Entführer den Zug verlassen, er springt hinterher. Es kommt zum Kampf, wobei Mr. Blue Mr. Grey erschießt, der Fahrgast, ein Polizist, tötet Mr. Brown. Mr. Blue richtet sich selbst. Fehlt nur noch Mr. Green. Gehört er vielleicht zum Bahnpersonal? Garber vermutet einen ehemaligen U-Bahnfahrer, was richtig ist. Er wird überführt durch sein ständiges Niesen, das schon während des Überfalls auffiel.

Fürs US-Fernsehen entstand 1988 unter der Regie von Félix Enriguez Alcalá ein Remake, deutsch: »U-Bahn-Inferno: Terroristen im Zug«, auch: »Pelham Bay Park«. Unter dem Titel »Die Entführung der U-Bahn Pelham 123« gab es 2009 eine Neuverfilmung unter der Regie von Tony Scott mit Denzel Washington und John Travolta.

Pelham ist der Abfahrtsbahnhof in der Bronx, New York, 123 bedeutet die Abfahrtszeit 1:23.

Das große Querplakat für den Film von 1974.

Das Plakat für die Neuverfilmung.

Szenenbilder des neuen Films.

NEVADA PASS

BREAKHEART PASS 1975

USA. United Artists.

Produzenten: Jerry Gershwin, Elliot Kastner.

Regie: Tom Gries.

Drehbuch: Alistair MacLean nach seinem gleichnamigen Roman.

Musik: Jerry Goldsmith.

Kamera: Lucien Ballard.

Darsteller: Charles Bronson, Ben Johnson, Jill Ireland, Richard Crenna, Charles Durning, Ed Lauter.

Länge: 91 Minuten.

Deutsche Erstaufführung: 1976.

In Myrtle City im Bundesstaat Nevada hält ein Zug zum Wasserfassen. Hier nimmt Marshal Pearce (Ben Johnson) den Falschspieler und Mörder John Deakin (Charles Bronson) fest. Beide fahren mit dem Zug der US Army zum Fort Humboldt, wo Diphtherie ausgebrochen ist. Major Claremont (Ed Lauter), der Verantwortliche für den Armeetransport, möchte beide nicht mitnehmen. In dem Militärzug sind auch Gouverneur Fairchild (Richard Crenna), Marica Scoville (Jill Ireland), die Tochter des Kommandanten des Forts, ein Arzt und ein Reverend. Seltsame Dinge passieren im Zug: Zwei Soldaten verschwinden, der Arzt stirbt, der Heizer fällt aus dem Zug. Drei Waggons werden abgekoppelt und zerschellen an einem Steilhang. Deakin, eigentlich ein Regierungsagent, ist auf der Suche nach Waffenschmugglern, findet im Zug noch mehr Tote, darunter den Reverend, dessen Mitarbeiter, sowie Waffen und Dynamit. Er vertraut sich Claremont und Marica an und sie überführen Fairchild als Waffenschmuggler. Sein Komplize ist auch Marshall Pearce. Die Gauner wollten mit den Waffen Indianer bezahlen, die das Fort angegriffen und eine Diphtherie vorgetäuscht haben. Fairchild will im Fort die Gold- und Silbervorräte von Nevada stehlen. Das Treffen mit den Indianern soll am Nevada-Pass stattfinden. Deakin und Claremont sprengen mit dem Dynamit die Strecke, der Zug kann nicht weiter, Deakin tötet die Verbrecher und Claremont ruft Verstärkung.
Bei dem Zug in diesem Farbfilm handelt es sich um die No.75, Typ Consolidation, Achsfolge 2-8-0, Bauart 1'D der Heber Valley Railroad, 1907 bei Baldwin gebaut. Die Maschine stand bis 1965 nach der Lieferung an die im US-Bundesstaat Colorado tätige Great Western Railway im regulären Einsatz.

Die zwei deutschen Filmplakate von 1976.

CHARLES BRONSON
in ALISTAIR MACLEANS
United Artists
NEVADA PASS
DAS ENDE EINER TÖDLICHEN REISE.

PANIK IM TOKIO-EXPRESS

SHINKANSEN DAIBAKUHA	1975
Japan. Toei.	
Produzenten: Kanji Amao, Sunao Sakagami.	
Regie: Jun`ya Sato.	
Drehbuch: Ryunosuke Ono, Jun`ya Sato, Arei Kato.	
Musik: Hachiro Aoyama.	
Kamera: Masahiko Iimura.	
Darsteller: Ken Takakura, Shinichi Chiba, Ken Utsui, Kei Yamamoto.	
Länge: 153 Minuten, deutsche Fassung 94 Minuten.	
Deutsche Erstaufführung: 1976 (Constantin Film).	

Eines Tages ruft an einem Vormittag bei der japanischen Staatsbahn JNR ein Mann an, der viele Millionen Dollar verlangt. Der Erpresser Okita (Ken Takakura) hat einen teuflischen Plan entwickelt. Er erzählt den entsetzten Mitarbeitern, dass er im Shinkasen Hikari 109, der auf der 1069 Kilometer langen Strecke von Tokio nach Hakata fährt, eine Bombe versteckt hat. In dem Zug sitzen 1.500 Menschen, die in großer Gefahr sind. Die Bombe wird explodieren, wenn der Zug langsamer als 80 Stundenkilometer fährt. Wie ernst es dem Erpresser ist, demonstriert die Explosion eines Güterzugs, den Okita zuvor mit einer ähnlichen Bombe bestückt hatte. Zugführer Aoki (Shinichi Chiba) und der Fahrtdienstleiter Kuramochi (Ken Utsui) sowie die Mitarbeiter der Staatsbahn haben nur wenig Zeit, um eine Katastrophe abzuwenden.

Die Japanische Staatsbahn (Japanese National Railroad JNR) war nicht bereit, das Filmprojekt zu unterstützen, denn sie wollte nicht mit Bombenanschlägen in Verbindung gebracht werden. Deshalb wurde der Farbfilm mit einem Zugnachbau 1:1 und mit Modellzügen gedreht.

In den USA erschien 1994 als Remake »Speed« unter der Regie von Jan de Bont mit Keanu Reeves, Dennis Hopper und Sandra Bullock. Dieses Mal war es ein Bus, in dem eine Bombe tickt.

Die Übersetzung aus dem Japanischen für diesen Film lautet: »Großexplosion im Shinkansen«.

Die Passagiere sind in Panik.

Deutsches Filmplakat von 1976.

TRANS-AMERIKA-EXPRESS

THE SILVER STREAK	1976
USA. 20th Century Fox.	
Produzenten: Martin Ransohoff, Frank Yablans.	
Regie: Arthur Hiller.	
Drehbuch: Colin Higgins.	
Musik: Henry Mancini.	
Kamera: David M. Walsh.	
Darsteller: Gene Wilder, Jill Clayburgh, Richard Pryor.	
Länge: 114 Minuten.	
Deutsche Erstaufführung: 1977.	

Ein Verleger als Held.

Der Verleger George Caldwell (Gene Wilder) will gemütlich zur Hochzeit seiner Schwester fahren und besteigt den Expresszug »Silver Streak«. Während der Fahrt lernt er Hildegard, genannt Hilly (Jill Clayburgh) kennen und lieben. Als er eine Leiche vom Dach des Zugs fallen sieht, nimmt die Geschichte an Fahrt auf. Es geht um geheimnisvolle Briefe des Malers Rembrandt. Im Zug befindet sich auch der FBI-Agent Sweet. Dann tritt Roger Devereaux mit seinen Männern auf. Caldwell lernt im Zug den Kleinganoven Grover Maldoon (Richard Pryor) kennen und wird als Mörder von Sweet gesucht. Spannende und komische Ereignisse überstürzen sich. Inzwischen fährt der Silver Streak auf Chicago zu. Als er endlich gestoppt wird, können die Fahrgäste aussteigen, Devereaux entzieht sich der Verhaftung, er steigt wieder in den Zug. Da Hilly noch an Bord ist, springen George und Grover auf. Hilly wird befreit. Nun rast der Zug führerlos auf Chicago zu, nichts kann ihn stoppen. Die letzten Fahrgäste koppeln ihren Wagen von dem Zug ab und sind in Sicherheit, der Silver Streak fährt in rasantem Tempo in den Chicagoer Bahnhof. Der Schaden ist gewaltig.

»Silver Streak« (Silberpfeil) hat als Vorbild den »Southwest Chief«, der aus dem »Southwest Limited« oder »Super Chief« hervorging. Dieser ist der schnellste transkontinentale Zug Nordamerikas, er fährt die Strecke Los Angeles – Chicago.

Die Außenaufnahmen des Farbfilms wurden in Alberta und Toronto, die Szenen im Bahnhof hauptsächlich in Toronto in der Union Station gedreht.

Das deutsche Filmplakat von 1977.

TREFFPUNKT TODESBRÜCKE

CASSANDRA CROSSING 1976

Italien, Großbritannien, Deutschland. Champion/ICP.

Produzenten: Lew Grade, Carlo Ponti.

Regie: George Pan Cosmatos.

Drehbuch: Tom Mankiewicz, George Pan Cosmatos, Robert Katz.

Musik: Jerry Goldsmith.

Kamera: Ennio Guarnieri.

Darsteller: Richard Harris, Sophia Loren, Ava Gardner, Burt Lancaster, Ingrid Thulin, Lee Strasberg.

Länge: 129 Minuten.

Deutsche Erstaufführung: 1977.

Es geht um Leben und Tod, als der Transkontinentalzug von Genf auf dem Weg nach Stockholm ist. Ein Terrorist hat sich mit einem tödlichen Pest-Bakterium infiziert und sitzt im Zug. Deshalb möchte der US Colonel Stephen Mackenzie (Burt Lancaster) den Zug nach Polen in ein Lager umleiten, dabei muss die baufällige Kassandrabrücke überquert werden. Die Passagiere sind zunächst ahnungslos, Ärzte in weißen Schutzanzügen betreten den nun versiegelten Zug. Hermann Kaplan (Lee Strasberg), ein Holocaust-Überlebender, erfährt, dass die Quarantänestation in Polen das ehemalige KZ ist, in dem er interniert war. Er erzählt Dr. Jonathan Chamberlain (Richard Harris), der mit seiner Frau Jennifer (Sophia Loren) unterwegs ist, von der Gefahr, in der sich alle befinden. Chamberlain bittet Mackenzie und die Ärztin Dr. Elena Stradner (Ava Gardner) nicht nach Polen zu fahren. Der Zug fährt auf die marode Kassandrabrücke zu. Mackenzie hätte nichts gegen einen Absturz, dann erführe niemand von dem infizierten Terroristen und es könnte die Forschung an dem tödlichen Bakterium verheimlicht werden. Einigen Fahrgästen gelingt es, ein paar Wagen vom Zug abzukoppeln, während der andere Teil auf der Kassandrabrücke in die Tiefe stürzt.
In diesem Farbfilm kamen Züge und Anlagen der Italienischen Staatsbahn, der französischen SNCF und der Schweizerischen Bundesbahn SBB zum Einsatz. Die ersten Bahnhofsszenen stammen aus dem Baseler Bahnhof. Das Garabit-Viadukt in Südfrankreich, 1880 bis 1884 von Gustave Eiffel errichtet, diente im Film als Kassandrabrücke.

Jennifer Chamberlain besteigt den Zug.

Von der Kassandrabrücke stürzt ein Teil des Zugs in die Tiefe.

FSK 13 FREIGEGEBEN
SOPHIA LOREN
RICHARD HARRIS
CASSANDRA CROSSING

RHEINGOLD

RHEINGOLD	1977
Deutschland. Vismal Film.	
Produzent: Elke Haltaufderheide.	
Regie, Drehbuch: Niklaus Schilling.	
Musik: Eberhard Schoener.	
Kamera: Ernst Wild.	
Darsteller: Elke Haltaufderheide, Rüdiger Kirschstein, Gunther Malzacher	
Länge: 91 Minuten.	

Es geht um Liebe, Untreue, Mord in einem Luxuszug und um den geschichtsträchtigen Fluss Vater Rhein in diesem Farbfilm. Die Frau eines Diplomaten fährt regelmäßig mit den Trans-Europa-Express TEE am Rhein entlang. Eines Tages trifft Elisabeth Drossbach (Elke Haltaufderheide) ihren alten Jugendfreund Wolfgang Friedrichs (Rüdiger Kirschstein) im Zug wieder, der als Kellner arbeitet. Zwischen beiden beginnt eine leidenschaftliche Liebe, die sich nach dem Fahrplan des TEE »Rheingold« zwischen Genf und Düsseldorf richtet. Eines Tages benutzt auch der UN-Diplomat Karl-Heinz Drossbach (Gunther Malzacher) den TEE »Rheingold« und entdeckt dabei seine Gattin. Er ist so ungehalten über die Untreue, dass er Elisabeth mit einem Brieföffner niedersticht. Beim nächsten Halt stürmt er aus dem Zug, Elisabeth tut inzwischen so, als wäre nichts geschehen. Der Gatte fährt dem TEE mit dem Taxi hinterher. Will er Elisabeth um Verzeihung bitten? Elisabeth ist inzwischen nicht mehr sie selbst. Sie gerät in traumhaft-ekstatische Zustände von Sexualität und Geschwindigkeit, begleitet von den Mythen des Rheins. Sie ist wie von Sinnen. Der Zug fährt weiter, Elisabeth ist bald am Ziel – ihrem Tod.

Der »Rheingold« war zunächst ein Luxuszug der Deutschen Reichsbahn-Gesellschaft und verkehrte nach dem Zweiten Weltkrieg als Trans-Europa-Express der Deutschen Bundesbahn. Er verkehrte zwischen Amsterdam und der Schweiz.
Er fuhr ab Mai 1928 als Fernschnellzug »FD Rheingold« FFD101 und FFD 102. Gebaut wurde der TEE von der Waggon- und Maschinenbau AG, Görlitz, der Waggonfabrik Gebrüder Credé, Wegmann & Co., Kassel, van der Zypen & Charlier, Köln-Deutz, sowie von Linke-Hofmann-Lauchhammer, Breslau. Vor die Züge wurden vor dem Krieg starke Schnellzugdampfloks eingesetzt, später Elektroloks der Baureihe E 10.

Das Filmplakat von 1977.

Elisabeth trifft Wolfgang – und ihren Mann Karl-Heinz.

RHEINGOLD
prokino

TEE Rheingold
Durch Deutschlands Romantik im Komfortzug der Bahn
Through Romantic Germany with the Trans-Europ-Express "Rheingold"
DB Die Bahn

DER GROSSE EISENBAHNRAUB

THE FIRST GREAT TRAIN ROBBERY 1979

Großbritannien. USA. United Artists.

Produzenten: John Foreman, Dino de Laurentiis.

Regie: Michael Crichton.

Drehbuch: Michael Crichton nach seinem Roman »The Great Train Robbery« (deutsch: »Der große Eisenbahnraub«).

Musik: Jerry Goldsmith.

Kamera: Geoffrey Unsworth.

Darsteller: Sean Connery, Donald Sutherland, Lesley-Anne Down, Alan Webb.

Länge: 110 Minuten.

Deutsche Erstaufführung: 1979.

Das deutsche Filmplakat von 1979.

Die britische Eisenbahn transportiert im Jahr 1855 Goldbarren im Wert von 25.000 Pfund nach Folkstone, von wo das Gold verschifft wird. Es ist der Sold für die Soldaten des Krimkriegs. Der vornehme Gauner Edward Pierce (Sean Connery) will zusammen mit seiner Freundin Miriam (Lesley-Anne Down) und Robert Agar (Donald Sutherland), einem Schlüssel- und Taschendiebspezialisten, und seinem Kutscher Barlow das Gold stehlen. Scotland Yard hat die Sicherheit verschärft. Es existieren vier Schlüssel für den Tresor im Zug, die an verschiedenen Stellen aufbewahrt werden. Die Gauner müssen die Schlüssel finden und kopieren. Ein Schlüssel befindet sich in einem Weinkeller, ein zweiter hängt am Hals eines Bankiers, für die beiden letzten Schlüssel wird ein Fassadenkletterer engagiert. Um nun in den Gepäckwagen zu gelangen, wird Agar als Choleraleiche in einem Sarg versteckt. Eine tote Katze sorgt für den schlechten Geruch. Der Sarg wird in den Gepäckwagen gebracht. Agar kann mit Hilfe der Schlüssel den Tresor öffnen, aber das Gold aus dem verschlossenen Wagen nicht nach draußen werfen. Pierce läuft über die Zugdächer zum Gepäckwagen und öffnet ihn von außen. Die Männer können das Gold nach draußen werfen, wo es in die bereit stehende Kutsche verladen wird. Pierce läuft wieder über die Zugdächer zurück in sein Abteil. Agar legt sich in seinen Sarg. Pierce wird in Folkstone verhaftet, weil ein Polizist ihn als alt bekannten Gauner erkennt. Er kommt vor Gericht, kann jedoch mit Hilfe seiner Komplizen fliehen.

Für diesen s-w-Film wurde eine Eisenbahn im Stil der viktorianischen Zeit nachgebaut. Weil die Dampflok den Zug nicht schnell genug ziehen konnte, wurde eine Diesellok hinter der Dampflok als Gepäckwagen verkleidet.

VIADUKT

THE TRAIN KILLER	1982
Ungarn, Deutschland, USA. Mafilm.	
Produktion: Andre Libik, Peer J. Oppenheimer. Studio Hunnia.	
Regie: Sándor Simó.	
Drehbuch: Egon Eis, Peer J. Oppenheimer,	
Musik: Zdenkó Tamássy.	
Kamera: Tamás Andor.	
Darsteller: Michael Sarrazin, Towje Kleiner, Constanze Engelbrecht, Armin Müller-Stahl.	
Länge: 99 Minuten.	
Deutsche Erstaufführung: 1983 im ZDF (Länge 85 Minuten) als »Der Fall Sylvester Matuska«.	

Matuska verübt ein Attentat auf die Eisenbahn.

Dieser s-w-Film erzählt die Geschichte von Sylvester Matuska. Er war Lehrer, k.u.k. Oberleutnant, Gewürzhändler, Häuserspekulant. Ab 1930 begann er verschiedene Eisenbahnattentate, bei denen die Züge entgleisten. 1931 wurde er verhaftet. Er kam in Haft, wurde später nach Ungarn ausgeliefert. Viele hielten ihn für geistig verwirrt. Seit 1945 gilt er als verschollen. Sein folgenschwerster Anschlag auf ein mehrbogiges Viadukt wurde verfilmt.

Am 13. September 1931 sprengt Matuska (Michael Sarrazin) die 25 Meter hohe Brücke bei Biatorbágy, 20 Kilometer von Budapest entfernt. Es ist genau 0 Uhr 15, als die erste Hälfte des Nachtschnellzugs Budapest –Wien in die Tiefe gerissen wird. Die Lokomotive (MAV-Schlepptenderlok 301.011 (2'C1'), der Gepäckwagen, ein CIWL-Schlafwagen und drei Personenwagen stürzten in den Abgrund. 22 Tote und 17 Schwerverletzte waren zu beklagen.

EXPRESS IN DIE HÖLLE

RUNAWAY TRAIN	1985
USA. Cannon.	
Produzenten: Yoram Globus, Menahem Golan, Robert A. Goldston, Henry T. Weinstein, Robert Whitmore.	
Regie: Andrej Konchalovsky.	
Drehbuch: Edward Bunker, Djordje Milicevic, Paul Zindel nach einem Treatment von Akira Kurosawa.	
Musik: Trevor Jones.	
Kamera: Alan Hume.	
Darsteller: Jon Voight, Eric Roberts, Rebecca De Mornay.	
Länge: 111 Minuten.	
Deutsche Erstaufführung: 1986.	

Im eisigen Winter Alaskas fliehen die beiden Häftlinge Manny Manheim (Jon Voight) und der jüngere Buck (Eric Roberts). Als sie einen Bahnhof erreichen, verstecken sie sich in einer Lok, deren Zug aus insgesamt vier schweren Dieselloks besteht. Der Lokführer erleidet beim Rangieren einen Anfall, versucht noch den Zug zu bremsen, stürzt dann aber tot aus dem Zug. Manny und Buck merken in ihrem Versteck nichts davon. Nachdem die Bremsbeläge durchgeschmort sind, wird der Zug immer schneller. Manny und Buck versuchen, auf die vordere Lok zu kommen. Sie entdecken Sara (Rebecca De Mornay), die Bahnarbeiterin hatte im Zug Schutz vor der Kälte gesucht. Manny, Buck und Sara versuchen jetzt zusammen, auf die vordere Lok zu gelangen. Bevor der Zug in der Nähe eines Chemiewerks zu entgleisen droht, wird er auf ein totes Gleis geführt. Schließlich schafft es Manny, auf die vordere Lok zu gelangen. Er löst die Kupplung zu den anderen Loks. Dadurch werden Buck und Sara gerettet. Er steigt aufs Zugdach und fährt mit ausgestreckten Armen dem Tod entgegen.

Alaska Railroad half bei der Entstehung dieses vielfach preisgekrönten Farbfilms, wollte jedoch nicht, dass sein Logo verwendet wurde. Die Loks waren eine EMD GP40-2, zwei hochhaubige EMD GP7 und eine Stromlinienlok EMD F7.

Das deutsche Filmplakat von 1986.

Manny auf dem Lokzug.

WALLERS LETZTER GANG

WALLERS LETZTER GANG	1988
Deutschland. BR TV.	
Produzent: Christian Wagner.	
Regie: Christian Wagner.	
Drehbuch: Christian Wagner frei nach dem Roman »Die Strecke« von Gerhard Köpf.	
Musik: Florian Ernst Müller	
Kamera: Thomas Mauch.	
Darsteller: Rolf Illig, Herbert Knaup, Volker Prechtel, Crescentia Dünßer, Sibylle Canonica.	
Länge: 98 Minuten.	

Ein melancholischer Film, der auf das vergangene Leben zurückblickt. Er handelt von dem eigenbrötlerischen Streckenwart Waller (im Alter: Rolf Illig; als junger Mann: Herbert Knaup). Einen Tag vor seinem Ruhestand macht sich der alte Waller auf und geht noch einmal entlang der Schienen, wie er es die vergangenen Jahre jeden Morgen getan hat. Sein letzter Arbeitstag ist zugleich auch der letzte Tag der Bahnstrecke, die stillgelegt wird. Während er die Bahnlinie entlang geht, blickt er zurück auf sein Leben. Im Nachkriegsdeutschland lernt er Angelika Heindl (Crescentia Dünßer) kennen. Sie ist seine große Liebe, stirbt aber kurz nach der Geburt der gemeinsamen Tochter Rosina im Kindbett. Da beide nicht verheiratet waren, kommt es zu einem Rechtsstreit um die uneheliche Tochter. Diese Schicksalsschläge haben ihn einsam und wortkarg gemacht. Wie an jedem Tag versieht er auch an diesem letzten Tag gewissenhaft seinen Dienst entlang der Schienen. Er geht immer weiter entlang des überwucherten Bahndamms, vorbei von hochgewachsenen Gräsern und bereits abgerissenen Brücken. Auch Rosina (Sibylla Canonica) kann ihren alten Vater nicht aufhalten. Langsam verschwindet er im Nebel.

Die Schauspieler des alten und jungen Wallers haben sich vor Drehbeginn von einem echten Streckenwart dessen Aufgabe entlang der Schiene genau erklären lassen, um authentisch zu spielen. Gedreht wurde für diesen teils farbigen Fernsehfilm meistens im Allgäu auf der Bahnstrecke zwischen Kempten und Isny, Leutkirch – Isny, auf einem Teil der Außerfernbahn und der Staudenbahn.

Waller auf seinem letzten Gang.

Die Staudenbahn – hier bei Langenneufnach – diente als Drehort.

Das Filmplakat
von 1988.

VERFOLGTE WEGE

VERFOLGTE WEGE	1989
Deutschland. Vulcano Kinowelt.	
Produzent: Christian Faust.	
Regie: Uwe Janson.	
Drehbuch: Uwe Jahnson.	
Musik: Michaela Dietl.	
Kamera: Egon Werdin.	
Darsteller: Peter Cieslinski, Babara Auer, Michael Dick.	
Länge: 106 Minuten.	

Dramatische Szene am Bahnhof Windecken.

Dieses Drama spielt im Nachkriegsdeutschland 1946. Ganz unterschiedliche Menschen versuchen, ihren Weg in dieser chaotischen Zeit zu finden. Der traumatisierte Kriegsheimkehrer Hermann (Peter Cielinski) findet Arbeit auf einem Kleinstadtbahnhof. Er verliebt sich in die junge Feldarbeiterin Marie (Barbara Auer), ein Flüchtlingsmädchen. Hermann, sein Arbeitskollege Karl (Michael Dick) und Marie stehlen Care-Pakete, die mit Lebensmitteln aus den USA geschickt werden, um die Not der armen Deutschen zu lindern.

Als hessischer Bahnhof Windecken dient in diesem Farbfilm der Bahnhof Puburg an der Strecke Straßburg – Saargemünd. Die Lokomotiven sind solche der Baureihe 58, Bauart 1'E h3.

Das Filmplakat von 1990.

MONEY TRAIN

MONEY TRAIN	1995
USA. Columbia.	
Produzenten: Neil Canton, Jon Peters.	
Regie: Joseph Ruben.	
Drehbuch: Doug Richardson.	
Musik: Mark Mancina, Melissa Etheridge, Don Harper, Christopher Ward.	
Kamera: John Lindley.	
Darsteller: Wasley Snipes, Woody Harrelson, Jennifer Lopez, Robert Blake.	
Länge: 106 Minuten.	
Deutsche Erstaufführung: 1996.	

John (Wesley Snipes) und Charlie (Woody Harrelson), zwei Adoptivbrüder, arbeiten in diesem Farbfilm zusammen als Polizisten in der New Yorker U-Bahn. Eines Tages bekommen sie Verstärkung von der hübschen Grace Santiago (Jennifer Lopez). Charlie ist spielsüchtig und gerät dadurch in die Klemme. Sein Bruder leiht ihm sein ganzes erspartes Geld. Auf dem Weg zu den Gläubigern wird das Geld gestohlen. Der Vorgesetzte der beiden Brüder, Donald Petterson (Robert Blake), beschließt mit Charlie, einen Geldzug zu entführen. Bevor John ihn davon abhalten kann, hat Charlie den Zug schon gekapert. Bahnchef Patterson versucht den entführten Geldzug zu stoppen, dabei kollidiert ein Personenzug der U-Bahn mit dem Geldtransporter. Während die Zugtrümmer von Patterson untersucht werden, erscheinen die beiden Brüder. Patterson lässt sie verhaften. Nun tritt Grace auf und verhaftet Patterson, weil er den Personenzug hat entgleisen lassen. John und Charlie entfernen sich von dem Unglücksort – Charlie hat unter seiner Kleidung das geraubte Geld versteckt.

Das französische Filmplakat von 1996.

ZUGVÖGEL … EINMAL NACH INARI

ZUGVÖGEL … EINMAL NACH INARI 1997
Deutschland/Finnland. Bosko Biati Film/Prokino/Kino-tuotanto.
Produzenten: Jörn Rettig, Iravon Gienanth, Claes Olssen.
Regie: Peter Lichtefeld.
Drehbuch: Peter Lichtefeld.
Musik: Christian Steyer.
Kamera: Frank Griebe.
Darsteller: Joachim Król, Peter Lohmeyer, Outi Mäenpää.
Länge: 87 Minuten.

Hannes Weber, der Beifahrer auf einem Bier-LKW und Kenner von Kursbüchern.

Das deutsche Filmplakat von 1998.

Hannes Weber (Joachim Król) lebt allein in Dortmund, er ist von Beruf Lastwagenbeifahrer, sein Hobby ist das Studieren von Kursbüchern. Deshalb möchte er auch an dem 1. Internationalen Fahrplan-Wettbewerb in Inari, Finnland, teilnehmen. Weil sein Vorgesetzter ihm keinen Urlaub gibt, schlägt Hannes ihn nieder und fährt nach Inari. Sein Vorgesetzter wird inzwischen tot aufgefunden, der Safe ist leer. Sofort verdächtigt die Polizei Hannes, der von Hauptkriminalkommissar Franck (Peter Lohmeyer) in Finnland gejagt wird. Hannes kann sich mehrmals der Verhaftung entziehen. Unterwegs lernt er Sirpa (Outi Mäenpää) kennen und lieben. In Inari stehen sich plötzlich Hannes und der Kommissar gegenüber. Hannes kann noch am Wettbewerb teilnehmen und erreicht das Finale. Auf die letzte Frage antwortet er mit »Der schönste Weg nach Inari geht über Nordschweden, über Haparanda«. Ihm ist bewusst, dass diese Fahrt länger dauert, aber Sirpa hat ihm die Route als die schönste beschrieben. Hannes verliert den Wettbewerb und Sirpa erkennt die große Liebe von Hannes zu ihr. Inzwischen bekommt der Kommissar Nachricht aus Dortmund, die Sekretärin hat ihren Chef, nachdem er am Boden lag, getötet und den Safe ausgeraubt. Der Kommissar fährt zurück, Hannes und Sirpa bleiben in Inari.

In diesem Farbfilm spielen DB-Loks der Baureihe E 103 und Dieselkoks der Baureihe 218 eine Rolle im Hamburger Hauptbahnhof.

WER MICH LIEBT, NIMMT DEN ZUG

CEUX QUI M'AIMENT PRENDRONT LE TRAIN 1998

Frankreich.
Produzenten: Charles Gassot, Jacques Hinstin.
Regie: Patrice Chéreau.
Drehbuch: Danièle Thompson, Patrice Chéreau, Pierre Trividic.
Musik: Eric Neweux
Kamera: Eric Gautier.
Darsteller: Jean-Louis Trintignant, Charles Berling, Pascal Greggory.
Länge: 120 Minuten.
Deutsche Erstaufführung: 1998.

Das deutsche Filmplakat von 1998.

Da hatte der Künstler in diesem Farbfilm einen genialen Einfall, der zunächst alle Beteiligten in ein Chaos stürzte. Jean-Batiste Emmerich (Jean-Louis Trintignant) hat schon vor seinem Ableben alle Erben, Verwandten, Freunde und ehemalige Liebhaber aufgefordert, nach seinem Tod in einem Zug gemeinsam nach Limoges zu fahren, wo er gern beerdigt werden möchte. Die zusammengewürfelten Trauernden treffen erst im Bahnhof aufeinander. Zu ersten Spannungen kommt es zwischen Jean-Marie (Charles Berling), dem Neffen des verstorbenen Malers, und seiner Frau. In der Enge des Zugs treten immer mehr Spannungen zwischen der Trauergemeinschaft auf.

Der ehemalige Schüler und Ex-Freund des Malers, Francois (Pascal Greggory), ist mit seinem neuen Freund angereist. Als dann noch ein HIV-infizierter ehemaliger Liebhaber von Francois auftaucht, bröckelt es auch in dieser Beziehung. Alte Wunden brechen auf und es zeigt sich am Ende, wer auch im Leben des Toten ein echter und ein falscher Freund gewesen ist.

Nach der Beerdigung treffen sich alle im Haus von Lucien Emmerich (Jean-Louis Trintignant), dem Bruder des Malers. Alles mündet in einem fulminanten Finale mit versöhnlichen Tönen.

ZUG DES LEBENS

TRAIN DE VIE	1998
Frankreich, Belgien, Niederlande, Israel, Rumänien. Tiberius/Noé/Raphael Films.	
Produzenten: Marc Baschet, Ludi Boeken, Frédérique Dumas-Zajdela, Eric Dussart, Cédomir Kolar.	
Regie: Radu Mihaileanu.	
Drehbuch: Radu Mihaileanu.	
Musik: Goran Bregivić.	
Kamera: Yorgos Arvanitis, Laurent Dailland.	
Darsteller: Lionel Abelanski, Rufus, Clément Harari.	
Länge: 103 Minuten.	
Deutsche Erstaufführung: 2000.	

Der Zug wird angehalten, ist die Fahrt zu Ende?

Es ist Krieg. 1941 sollen die jüdischen Einwohner eines kleinen Schtetls in Osteuropa von den Nazis in ein Konzentrationslager deportiert werden. Schlomo (Lionel Abelanski) hat eine Idee. Die Juden kaufen alte Eisenbahnwaggons und eine ziemlich lädierte Dampflok. Alles wird meisterlich aufgearbeitet. Ein Teil der Dorfbewohner verkleidet sich als Wehrmachtsoldaten. So wollen die Bewohner nach Osten, um von dort nach Palästina zu gelangen. Mordechai (Rufus) wird als Major verkleidet. Sie lernen richtig deutsch zu sprechen, fälschen Papiere. Dann setzt sich der Zug in Bewegung. Widerstandskämpfer versuchen vergeblich, durch Sprengstoff den Zug am Weiterfahren zu hindern, weil sie ihn für echt halten. An der Grenze werden sie von »deutschen Soldaten« angehalten. Aber es sind Sinti und Roma, die die gleiche Idee hatten. Gemeinsam geht´s weiter, bis Granaten rechts und links einschlagen. Schlomo sagt am Ende des Film: »Das ist die wahre Geschichte meines Schtetls – a no, fast die wahre.«

In diesem mit vielen Preisen ausgezeichneten Farbfilm zieht die Lok der rumänischen Eisenbahngesellschaft CFR Nr. 230 299, eine ehemalige preußische P8, den Zug.

Das deutsche Filmplakat von 2000.

HEINRICH DER SÄGER

HEINRICH DER SÄGER	2001
Deutschland. Balance Film & Media/Arsenal.	
Produzent: Rolf Schneider.	
Regie: Klaus Gietinger.	
Drehbuch: Klaus Gietinger	
Musik: Klaus Roggors	
Kamera: Hans Hager.	
Darsteller: Rolf Becker, Meret Becker, Alexander Beyer, Heinz Werner Kraehkamp, Karina Krawczyk.	
Länge: 99 Minuten.	

Der Witwer Kurt Grantke (Rolf Becker) ist ein Mann der Tat, stur und verschlossen. Er arbeitet am Bahnhof Storchenroda der privatisierten Kommerzbahn Ost. Eines Tages soll die Bahnlinie stillgelegt werden, obwohl die Bürger des Ortes protestieren. Grantke macht sich nachts mit einem Trennschleifer auf, und sägt Stücke aus den Schienen heraus. Bei seinen Sabotageakten versucht er, keine Spuren zu hinterlassen, auch Verletzte möchte er nicht erleben. Die Politiker und der Pastor, der sein Wissen der Polizei verrät, schaffen es, dass die Strecke nach Storchenroda stillgelegt wird. Inzwischen hat sich Grantke mit der Assistentin Braun (Karina Krawczyk) zusammen getan, seine Tochter Teresa (Meret Becker) ist nun mit dem Briefträger Heiko (Alexander Beyer) verbandelt. Eines Tages kann Kommissar Stahl (Heinz Werner Kraehkamp) Grantke auf frischer Tat verhaften. Kurts Freunde befreien Grantke aus der Haft. Die Freunde wollen nun auswandern in ein Land, in dem noch eine richtige Eisenbahn

Kurt Grantke, der Säger.

Seine Tochter Teresa.

In »Heinrich der Säger« bekam sogar die Hagener 218 126 eine Rolle zugeteilt. Am 6. April 1998 weilte sie als Lok der Kommerzbahn für Dreharbeiten in Köln Deutz Tief. Hier wurden auch schon unzählige DB-Werbefilme sowie die Episode »Hilde fährt in Kur« von und mit Heinz Becker gedreht.

fährt. Grantke und seine neue Frau, die Assistentin Braun, Teresa und ihr Briefträger sowie die beiden Bahnmitarbeiter Fred und Gregor machen sich auf nach Südamerika. Die Filmemacher nennen ihren Film »Das utimative Railroadmovie«.

Teile des Farbfilms wurden an der Bahnstrecke zwischen Bad Salzungen und Vacha gedreht, die später stillgelegt wurde. Auch auf der Wutachtalbahn zwischen Blumberg und Weizen wurde gedreht. Der Bahnhof Leimbach-Kaiserroda spielt den Bahnhof Storchenroda.

TO END ALL WARS – DIE WAHRE HÖLLE

TO END ALL WARS	2001
USA, Großbritannien, Thailand.	
Produzent: Jack Hafer.	
Regie: David L. Cunningham.	
Drehbuch: Brian Godawa nach dem Roman »Miracle on the River Kwai« von Ernest Gordon, 1962, (deutsche: »Im Tal des Kwai«.	
Musik: John Cameron.	
Kamera: Greg Gardiner.	
Darsteller: Ciarán McMenamin, Kiefer Sutherland, Robert Carlyle, Mark Strong.	
Länge: 125 Minuten.	
Deutsche Erstaufführung: 2001.	

Die Vorlage zu diesem Farbfilm, der auch als »Gefangen in der Hölle«, »Die wahre Hölle am River Kwai« und »Für ein Ende aller Kriege« veröffentlicht wurde, stammt von Ernest Gordon, der im Zweiten Weltkrieg in japanischer Kriegsgefangenschaft war.
In einem Lager im Dschungel von Thailand sind amerikanische, schottische und englische Offiziere inhaftiert. Hier herrschen grausame Zustände. Nach dem Tod eines Mitgefangenen, der erschossen wurde, übernimmt Major Campbell (Robert Carlyle) das Kommando. Gegenspieler ist Captain Ernest Gordon (Ciarán McMenamin). Er möchte seinen Männern mehr Mut und Überlebenswillen geben, deshalb gründet er die »Dschungel-Universität«. Es gibt auch eine Kirche im Lager. Campbell plant einen Aufstand, aber der Schwarzhändler Yankee (Kiefer Sutherland) rät von einer Flucht ab.

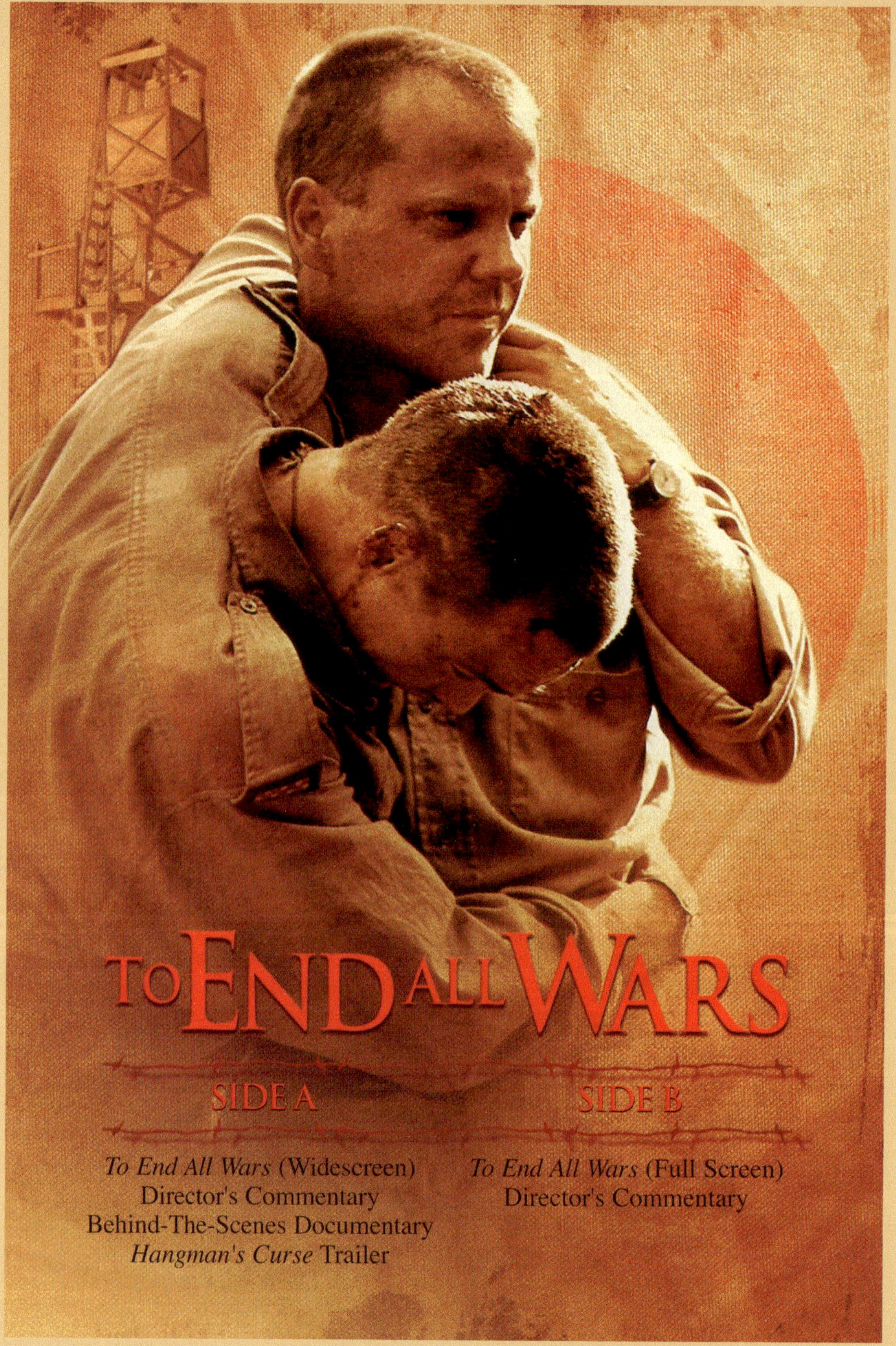

Das Cover der DVD, 2001.

Das deutsche Filmplakat von Rolf Goetze.

Campbell verrät Yankee und die Universität, diese wird verboten, Yankee bestraft. Weil die Männer schnell arbeiten, werden am 16. Oktober 1943 die Bahnlinie und die Eisenbahnbrücke über den Kwai fertiggestellt. Wegen einer irrtümlich vermissten Schaufel wird Yankee zum Krüppel geschlagen. Campbell und seine Männer versuchen einen Aufstand, einige werden hingerichtet. Dusty (Mark Strong), der die Kirche ins Leben gerufen hat, nimmt die Schuld von Campbell auf sich und wird gekreuzigt.

Das Lager wird 1945 befreit. Campbell möchte immer noch den grausamen Lagerleiter Ito umbringen, Gordon denkt an Versöhnung. Ito begeht Selbstmord durch Harakiri (Seppuku). Der Film endet mit einer Szene mit Gordon und dem damaligen Übersetzer Takashi Nagase im Jahr 2000 auf dem Friedhof der Alliierten in Kanchanaburi (heute Thailand). In der zweiten Szene sieht man Königin Elisabeth, wie sie Veteranen in Schottland ehrt.

DIE BRÜCKE AM KWAI

The Bridge on the River Kwai« 1957
Großbritannien, USA. Columbia.

Dieser Farbfilm mit William Holden, Alec Guinness und Jack Hawkins erzählt in freier Weise die Geschichte der Eisenbahnbrücke über den Kwai.
Die hölzerne Brücke war die größte Brückenkonstruktion für einen Film. Sie war 130 Meter lang, 35 Meter hoch und bestand aus 1.200 Bambusrohren. Für die letzte Szene im Film fuhr ein Zug über die Brücke, die dabei gesprengt wurde.

THE NAVIGATORS

THE NAVIGATORS	2001
Großbritannien.	
Produzent: Rebecca O`Brien.	
Regie: Ken Loach.	
Drehbuch: Rob Dawber.	
Musik: George Fenton.	
Kamera: Barry Ackroyd, Mike Eley.	
Darsteller: Dean Andrews, Venn Tracey, Andy Swallow, Thomas Craig, Joe Duttine, Steve Huison.	
Länge: 96 Minuten.	
Deutsche Erstaufführung: 2002.	

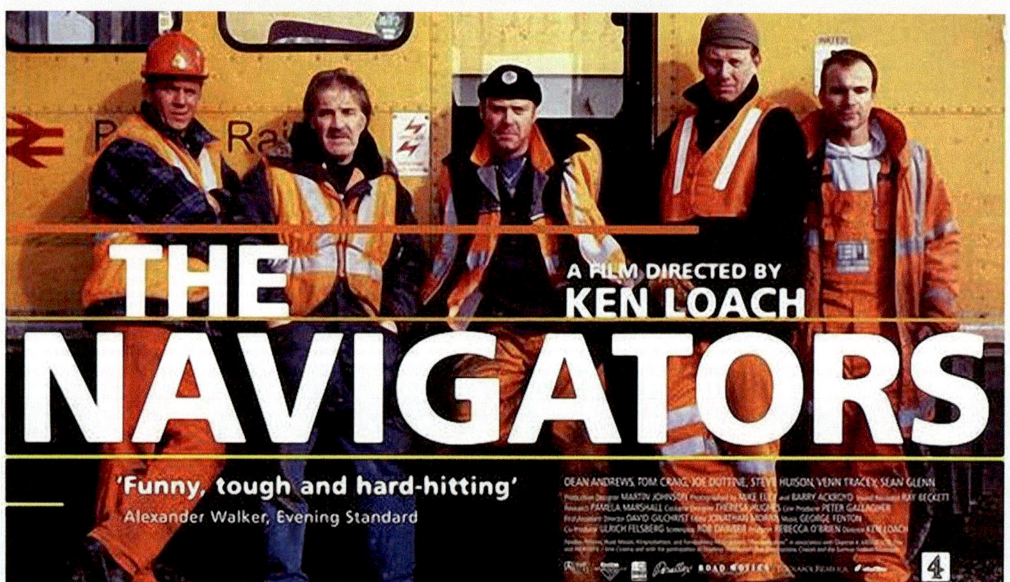

Das Cover der französischen DVD.

1995. Die Eisenbahngesellschaft British Rail wird privatisiert. In Sheffield (Yorkshire) arbeiten die erfahrenen Gleisarbeiter John (Dean Andrews), Gerry (Venn Tracey), Len (Andy Swallow), Mick (Thomas Craig), Paul (Joe Duttine) und Jim (Steve Huison). Weil es eine hohe Ablösesumme gibt, verlassen viele Arbeiter das Eisenbahndepot. Die restlichen Arbeiter müssen nun die gleiche Arbeit wie vorher verrichten, also mehr und schneller arbeiten und die Sicherheit wird vernachlässigt. Dies alles führt zu Fehlern und zum Tod eines Kollegen, der vertuscht werden soll, damit nicht noch mehr Arbeiter ihren Job verlieren.
Der Farbfilm, der auch als »Geschichten von den Gleisen« veröffentlicht wurde, ist mehrfach ausgezeichnet.

Die Eisenbahnarbeiter von Sheffield bei der Arbeit – und bei einem Meeting mit dem Gewerkschafter Gerry.

STATION AGENT

THE STATION AGENT	2003
USA. 20th Century Fox. Prokino.	
Produzenten: Robert May, Mary Jane Skalski, Kathryn Tucker.	
Regie: Thomas McCarthy.	
Drehbuch: Thomas McCarthy.	
Musik: Stephen Trask.	
Kamera: Oliver Bokelberg.	
Darsteller: Peter Dinklage, Bobby Cannavale, Patricia Clarkson, Michelle Williams, Raven Goodwin.	
Länge: 88 Minuten.	
Deutsche Erstaufführung: 2004.	

Henry besitzt ein Modelleisenbahngeschäft, in dem sein Freund Finbar, genannt Fin (Peter Dinklage), arbeitet. Henry stirbt und hinterlässt seinem Freund ein Grundstück auf dem Land. Der kleinwüchsige Fin zieht aufs Land, weil er endlich für seine Leidenschaft für die Eisenbahn leben und weil er den Belästigungen seiner Mitmenschen entfliehen möchte. Fin findet auf dem geerbten Grundstück eine alte Bahnstation vor, die er instandsetzt, und einen roten Eisenbahnwagen der »Morris County Continental«. Nun ist Fin ein Station Agent, ein Bahnhofsvorstand. Joe (Bobby Cannavale), ein Nachbar, kommt Fin besuchen, auch die depressive Olivia (Patricia Clarkson), von der Fin schon zweimal beinahe überfahren worden wäre, besucht Fin, um sich für ihren Fahrstil zu entschuldigen. Da sind da noch Emily, die Fin sehr mag, und die kleine Cleo.

Der Farbfilm wurde weltweit mehrfach ausgezeichnet.

Das deutsche Filmplakat von 2004

Fin, Olivia und Joe auf den Gleisen der fiktiven »Morris CC«.

DER POLAREXPRESS

THE POLAR EXPRESS	2004
USA.	
Produzenten: Robert Zemeckis, Steve Starey, Gary Goetzman, William Teitler.	
Regie: Robert Zemeckis.	
Drehbuch: William Broyles jr., Robert Zemeckis, Chris van Allsburg nach dem Kinderbuch von Chris van Allsburg.	
Musik: Glen Ballard, Alan Silvestri.	
Kamera: Don Burgess, Robert Presley.	
Darsteller: Tom Hanks in vielen Rollen.	
Länge: 96 Minuten.	
Deutsche Erstaufführung: 2004.	

Die mächtige Lok des Polarexpress.

Ein kleiner Junge wartet auf den Weihnachtsmann, an den er aber nicht richtig glaubt. Er vernimmt plötzlich ein Geräusch und tritt vor die Tür, wo der »Polarexpress« steht. Der Schaffner nimmt den Jungen mit. Die Fahrt geht zum Nordpol. Unterwegs passieren viele ungewöhnliche Dinge. Der kleine Junge lernt im Zug ein kleines Mädchen kennen, einen Besserwisser und den armen Bill. Als der Schaffner die Fahrkarten kontrolliert, verschwindet eine auf mysteriöse Weise.

Als auch das Mädchen nicht mehr da ist, läuft der kleine Junge über die Zugdächer und trifft auf einen Landstreicher. Der Junge und das Mädchen finden sich auf der Frontplattform wieder. Der Zug rast auf dem stärksten Gefälle, das es auf der Erde gibt, hinab und fährt über einen zugefrorenen See ohne Schienen.

Das deutsche Plakat von 2004. Der Junge läuft über die Zugdächer auf der Suche nach dem Mädchen.

Der Schaffner spornt Lokführer und Heizer an, sich zu beeilen, der Zug muss Punkt Mitternacht am Nordpol sein – sonst fällt Weihnachten aus. Fünf Minuten vor Mitternacht ist der Polarexpress am Nordpol.
Dies ist der erste Hollywood-Film, der in das IMAX-3D-Format umgewandelt wurde und in IMAX-Kinos gezeigt wurde. Der Farbfilm wurde mit Schauspielern gedreht, ihre Bewegung, Mimik und Gestik wurde dann auf digitale Figuren übertragen. Tom Hanks erhielt 2004 einen Bambi in der Kategorie Film International.

Als Vorlage für die imposante Lok des Polarexpress diente die PM 1225. Diese Lok, über 30 Meter lang, eine 2-8-4 (1'D2') Maschine wurde 1941 von den Lima Locomotive Works, Ohio, für die Pere Marquette Railway (RM) gebaut. Sie war bis 1951 im Einsatz. Restauriert geht sie wieder auf Fahrt für das Steam Railroading Institute in Owosso, Michigan.

DER LETZTE ZUG

DER LETZTE ZUG	2006
Deutschland, Tschechien. CCC Filmkunst, Berlin/Concorde.	
Produzent: Arthur Brauner.	
Regie: Joseph Vilsmaier, Dana Vávrová.	
Drehbuch: Arthur Brauner, Stephen Glantz.	
Kamera: Helmfried Kober, Joseph Vilsmaier.	
Darsteller: Sibel Kekilli, Gedeon Burghard, Lena Beyerling, Lale Yavas, Roman Roth.	
Länge: 124 Minuten.	

Der Abtransport der Berliner Juden.

Lea und Albert Rosen im letzten Zug.

Berlin 1943. Zu Hitlers Geburtstag wollen die Nazis dem Führer ein judenfreies Berlin schenken. Deshalb fährt vom Bahnhof Berlin-Grunewald von Gleis 17 ein Zug mit den letzten verbliebenen Juden nach Ausschwitz. Die Menschen werden in Viehwaggons gepfercht, bei wenig Wasser und Brot. Die Fahrt dauert sechs Tage. Zu den Eingeschlossenen gehören das Ehepaar Neumann (Gedeon Burkhard, Lena Beyerling), ihr Baby und ihre Tochter Lea (Lale Yavas). Der Kabarettist Jakob versucht, die Menschen aufzuheitern. Albert Rosen (Roman Roth) denkt an Flucht. Unterwegs stirbt das Baby der Neumanns. Auch andere Mitgefangene sterben an den Strapazen.

Am Bahnhof in Auschwitz angekommen, können Ruth Zilbermann (Sibil Kekilli) und Lea fliehen. Herr und Frau Neumann werden getrennt, der Kabarettist erschossen.

Die Lokomotive in diesem Farbfilm wird nur kurz vor der Einfahrt gezeigt und lässt sich nicht identifizieren. Lok und Wagen sind historische Museumsfahrzeuge.

Ein ganz anderer Film ist »Der letzte Zug« (El ultimo tren) von 2002 aus Uruguay. Er handelt davon, wie ein Verein von Eisenbahnfreunden verhindern will, dass eine historische Lok nach Hollywood verkauft wird.

Das deutsche Filmplakat von 2006.

DARJEELING LIMITED

THE DARJEELING LIMITED	2007
USA. Fox Searchlight.	
Produktion: Wes Anderson, Roman Coppola, Lydia Dean Pilcher, Scott Rudin.	
Regie: Wes Anderson.	
Drehbuch: Wes Anderson, Roman Coppola, Jason Schwartzman.	
Musik: The Kinks und andere.	
Kamera: Robert D. Yeoman.	
Darsteller: Owen Wilson, Adrien Brody, Jason Schwartzman, Natalie Portman, Angelica Huston.	
Länge: 91 Minuten.	
Deutsche Erstaufführung: 2008.	

Die Diesellok des Darjeeling Limited.

Francis (Owen Wilson) will ein Jahr nach dem Tod des Vaters mit seinen jüngeren Brüdern Peter (Andrien Brody) und Jack (Jason Schwartzman) die Mutter Patricia (Angelica Huston) besuchen, Vorsteherin eines christlichen Klosters in Indien. Francis, Peter und Jack steigen in den »Darjeeling Limited«, einen durch Indien fahrenden Zug. Die Brüder sind seit langer Zeit zerstritten mit ihrer Mutter. Peter und Jack wissen nicht, wohin ihr Bruder Francis mit ihnen fährt, der die Reise eingefädelt hat. Sie denken an einen Selbstfindungstripp. Auf ihrer Reise durch den Subkontinent besuchen sie bunte Märkte und viele Tempel. Wegen einer giftigen Schlange, die Peter kauft, werden sie aus dem Zug geworfen. Sie gehen zu Fuß durch die Wüste. Mit einem Bus fahren sie zum Flughafen und besuchen zuvor ihre Mutter. Die Familie scheint glücklich vereint. Am nächsten Morgen ist die Mutter verschwunden und lässt ihre Kinder wieder allein. Die Drei fahren wieder nach Hause.

Der Farbfilm entstand auf der indischen Breitspurstrecke der North Western Railway. Die Diesellok 16675 (Co`Co`) wurde ebenso wie die Wagen umgefärbt in den Farben des fiktiven Darjeeling-Zugs.

Das deutsche Filmplakat von 2008.

TRANSSIBERIAN

TRANSSIBERIAN	2008
auch: Transsiberian – Reise in den Tod	
Großbritannien, Deutschland, Spanien, Litauen, USA.	
Produzent: Julio Fernández.	
Regie: Brad Anderson.	
Drehbuch: Brad Anderson, Will Conroy.	
Musik: Alfonso Vilallonga.	
Kamera: Xavi Giménez.	
Darsteller: Woody Harrelson, Emily Mortimer, Kate Mara, Eduardo Noriega, Ben Kingsley.	
Länge: 111 Minuten.	
Deutsche Erstaufführung: 2008.	

Das Filmplakat von 2008, noch ohne weiteren Text.

Ein eiskalter Mord in einer eiskalten Gegend. Das amerikanische Ehepaar Roy (Woody Harrelson) und Jessie (Emily Mortimer) reisen mit der Transsibirischen Eisenbahn von Peking nach Moskau. Mit im Abteil sitzen Abby (Kate Mara) und ihr spanischer Freund Carlos (Eduardo Noriega). Carlos hat ein Auge auf Jessie geworfen. Nach einem Stopp verschwindet Roy. Jessie, Abby und Carlos steigen an der nächsten Station aus und wollen auf Roy warten. Carlos und Jessie kommen sich bei einem Ausflug näher, als sie ihn abwehrt, verfolgt er sie. Jessie erschlägt ihn mit einer Zaunlatte. Jessie geht allein ins Hotel zurück und findet dort Roy. Abby sucht nach ihrem Freund. Der Zug setzt sich mit Roy und Jessie in Bewegung. Jetzt sitzt im Abteil auch Inspektor Grinko (Ben Kingsley), der Drogenschmugglern auf der Spur ist. Voller Unbehagen untersucht Jessie die Matrjoschkas, die Carlos ihr zugestreckt hatte, und findet tatsächlich Heroin. Roy und

Zwischenhalt der Transsibirischen Eisenbahn.

Jessie übergeben dem Inspektor und seinem Helfer ihren Fund. Die angeblichen Polizisten suchen nach Carlos und verhören Roy und Jessie, Abby wird gefoltert. In einem unbeaufsichtigten Augenblick verlassen Roy und Jessie den Zug und laufen barfuß durch den Schnee. Sie finden Zuflucht in einem abgestellten Zug, werden aber von Grinko entdeckt. Ein entgegenkommender Zug rammt den Wagen. Dann überschlägt sich die Handlung – bis zum überraschenden Ende, das hier nicht verraten wird. Der Farbfilm wurde in Peking, Vilnius und auf der Transsibirischen Eisenbahn gedreht.

Jessie in Panik.

SIN NOMBRE – ZUG DER HOFFNUNG

SIN NOMBRE	2009
Mexiko, USA. Prokino.	
Produzent: Amy Kaufman.	
Regie: Cary Fukunaga.	
Drehbuch: Cary Fukunaga.	
Musik: Marcelo Zarvos.	
Kamera: Adriano Goldman.	
Darsteller: Edgar Flores, Tenoch Huerta, Kristyan Ferrer, Paulina Gaitán.	
Länge: 96 Minuten.	
Deutsche Erstaufführung: 2010.	

Sayra und Casper auf dem Zug ohne Hoffnung.

Der junge Smiley (Kristyan Ferrer) wird durch Casper (Edgar Flores) in eine mexikanische Jugendgang eingeführt. Zum Aufnahmeritual gehören Prügel und dass ein Mensch getötet werden muss. Smiley verübt die Tat. Caspar trifft sich heimlich mit Martha in einem anderen Stadtteil, was aber von der Gang nicht erlaubt wird. Der Boss versucht Martha zu vergewaltigen und tötet sie dabei.
Zur gleichen Zeit versucht Horacio mit seiner Tochter Sayra (Paulina Gaitàn) und seinem Bruder von Honduras in die USA zu gelangen. Als er Güterzug zur Abfahrt bereit steht, springen neben den Flüchtlingen auch der Gangboss Lil Mago (Tenoch Huerta), Casper und Smiley auf den Zug. Während der Fahrt rauben sie die Flüchtlinge aus. Lil Mago (Tenoch Huerta) will Sayra vergewaltigen, Casper tötet ihn. Smiley verlässt den Zug und verrät der Gang, dass Casper Lil getötet hat. Nun erhält Smiley den Auftrag, Casper zu töten. Casper muss fliehen, Sayra steht ihm zur Seite. Sie können beide fliehen, werden aber wieder verraten und können fliehen. Endlich bringt ein Schlepper beide in die Nähe der US-Grenze und wieder werden sie entdeckt ... Der Film nimmt ein tragisches und ein gutes Ende.

Der Farbfilm, dessen Titel »Ohne Namen« heißt, berichtet von den namenlosen Flüchtlingen und erhielt mehrere Preise.
Gefilmt wurde auf mexikanischen Bahnhöfen und Güterzügen.

Das deutsche Film-
plakat von 2010.

UNSTOPPABLE – AUSSER KONTROLLE

UNSTOPPABLE	2010
USA. 20th Century Fox.	
Produzenten: Julie Yorn, Tony Scott, Mimi Togers, Eric McLeod, Alex Young.	
Regie: Tony Scott.	
Drehbuch: Mark Bomback.	
Musik: Harry Gregson-Williams.	
Kamera: Ben Seresin.	
Darsteller: Denzel Washington, Chris Pine, Rosario Dawson, Kevin Dunn, Lew Temple.	
Länge: 98 Minuten.	
Deutsche Erstaufführung: 2010.	

Will kuppelt die 1206 an die 777.

In Pennsylvania geht ein Zug auf Reisen, beladen mit hochexplosivem Material und ohne Lokführer. Auf der eingleisigen Strecke wird der Zug mit der Lok 777 immer schneller und nähert sich Wohngebieten. Die Fahrdienstleiterin Connie (Rosario Dawson) versucht den Zug mehrfach zu stoppen, will ihn auf ein Nebengleis lenken. Nichts funktioniert. Der altgediente Lokführer Frank (Denzel Washington) hat einen Plan. Zusammen mit seinem jungen Kollegen Will (Chris Pine) will er seine Lok 1206 hinten an den rasenden Zug ankoppeln und ihn dadurch abbremsen. Inzwischen rast der Zug mit der gefährlichen Ladung

Will Colson und Frank Barnes.

Pickup aus in den Todeszug zu gelangen, um ihn zu stoppen ... Die Geschichte ist abgeleitet von einem wirklichen Vorfall, als 2001 im Rangierbahnhof von Stanley Yard, Ohio, ein Zug außer Kontrolle geriet.

Mit »Runaway Train« (Seite 124) gab es 1985 bereits einen ähnlichen Film mit diesem Thema.
In dem neuen Farbfilm stammt die Diesellok 777 (Co'Co') von der Allegheny and West Virginia Railroad (AWVR), Lok 1206 (Co'Co') war zeitweise auch bei der AWVR.

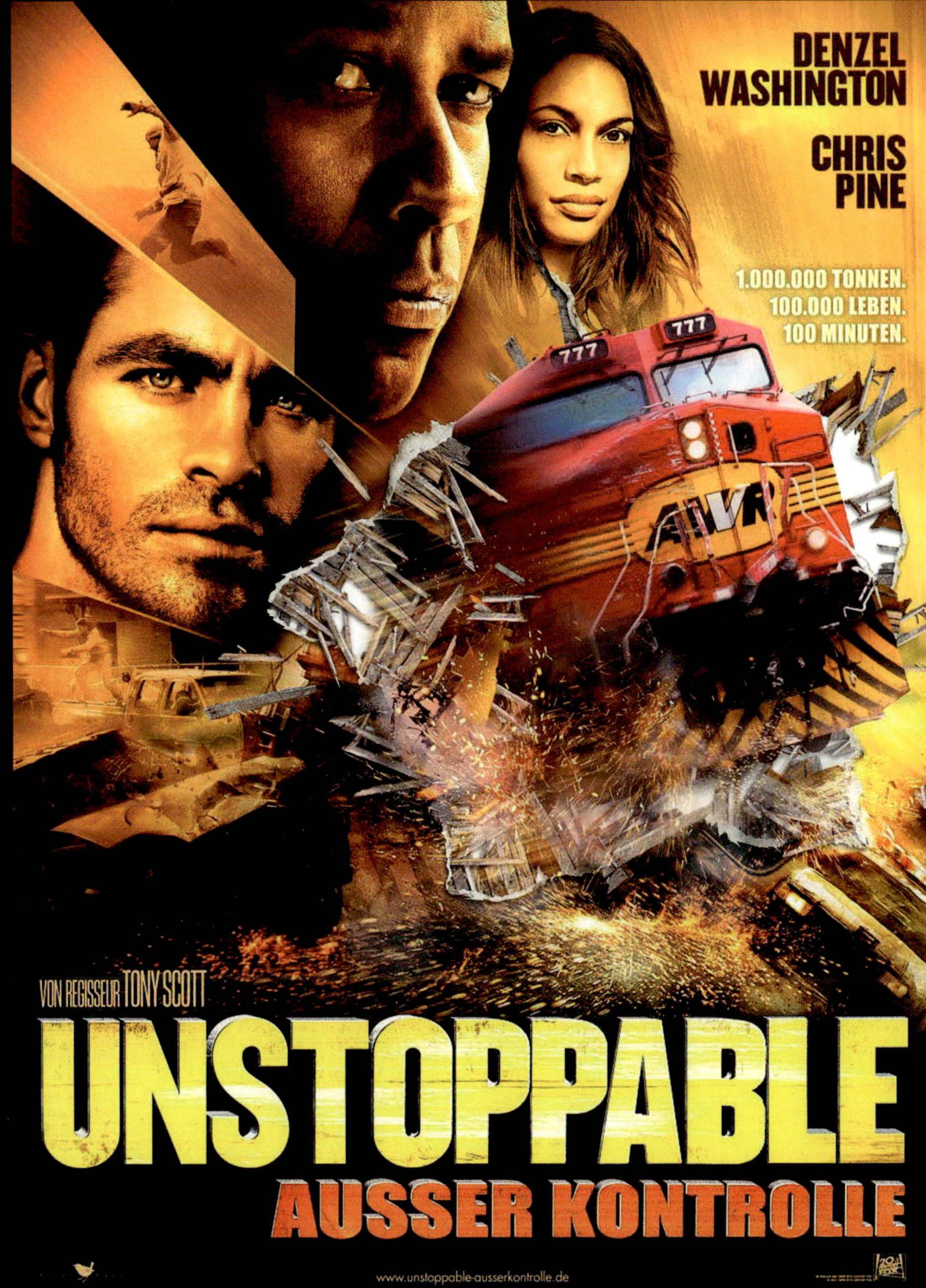

Das deutsche Filmplakat von 2010.

HUGO CABRET

HUGO	2011
USA. Paramount/GK Films.	
Produzenten: Johnny Depp, Tim Headington, Graham King, Martin Scorsese.	
Regie: Martin Scorsese.	
Drehbuch: John Logan nach dem Kinderroman »The Invention of Hugo Cabret« (deutsch: »Die Entdeckung des Hugo Cabret«) von Brian Selznick.	
Musik: Howard Shore.	
Kamera: Robert Richardson.	
Darsteller: Asa Butterfield, Cloe Grace Moretz, Ben Kingsley, Michael Stuhlbarg, Christopher Lee.	
Länge: 127 Minuten.	
Deutsche Erstaufführung: 2012.	

Hugo repariert die Bahnhofsuhren.

Hugo Cabret (Asa Butterfield) ist zwölf Jahre alt. Sein Vater, Mitarbeiter in einem Museum, geht mit Hugo öfter ins Kino. Als der Vater stirbt, gehört eine mechanische Figur mit Schreibtisch, Füller und Tintenfass ihm. Hugo zieht zu seinem Onkel Claude in eine Wohnung im Bahnhof Montparnasse. Der Onkel repariert die Uhren im Bahnhof. Hugo erlernt sein Handwerk und übt es weiter aus, als der Onkel stirbt. Durch Diebstähle hält er sich über Wasser. In einem Spielzeugladen stiehlt er Material, das er zur Reparatur seiner mechanischen Figur benötigt. Der Inhaber Georges Méliès (Ben Kingsley) erwischt ihn und nimmt das Büchlein mit den Plänen für die Figur an sich.

Außerdem fehlt der herzförmige Schlüssel zum Aufziehen der Figur. Hugo freundet sich mit Isabelle (Cloe Grace Moretz), Patenkind des Spielladenbesitzers, an. Sie trägt den herzförmigen Schlüssel um den Hals. Damit schaffen sie es, die mechanische Figur in Gang zu setzen. Sie zeichnet ein Bild aus dem Film »Die Reise zum Mond«, unterschreibt mit Georges Méliès. Sie bekommen heraus, dass Georges Méliès früher Automaten baute. Er erlebte eine Filmvorführung des Films »Die Ankunft eines Zuges auf dem Bahnhof in La Ciotat« (Seite 6) der Brüder Lumière. Danach drehte er selber Filme, wurde ein Pionier des Kinos. Nach dem Krieg kam seine mechanische Figur in ein

Hugo und Isabelle erleben die Filme des Georges Méliès.

Hugo hängt an der großen Bahnhofsuhr – so wie einst Harold Lloyd im Stummfilm »Ausgerechnet Wolkenkratzer« (»Safety Last«) von 1923.

Museum, er verkaufte fortan Spielzeug. Hugo holt die Automatenfigur von zu Hause. Méliès und seine Frau nehmen Hugo bei sich auf. Der alte Mann freut sich über die jungen Kinofreunde. Später werden 80 seiner Filme wieder aufgeführt.

Dieser 3D-Farbfilm wurde 2012 mit fünf Oscars ausgezeichnet und erhielt weitere Preise.
Georges Méliès (1861 bis 1938) war ein Automatenbauer und Filmemacher, später betrieb er einen Spielzeugladen im Bahnhof von Montparnasse. Sein berühmtester Film ist »Die Reise zum Mond« (Le voyage dans la lune).

SNOWPIERCER

SNOWPIERCER 2013
SEOLGUGYEOLCHA

Südkorea, USA. Moho Film/Opus Pictures.

Produzent: Park Chan-wook, Lee Tae-hun, Park Tae-jun, Dooho Choi, Robert Bernacchi, David Minkowski, Matthew Stillman.

Regie: Bong Joon-ho.

Drehbuch: Bong Joon-ho, Kelly Masterson nach dem Comic von Jacques Lob, Benjamin Legrand, Jean-Marc Rochette »Le Transperceneige« (deutsch: »Schneekreuzer«).

Musik: Marco Beltrami.

Kamera: Hong Kyung-pyo.

Darsteller: Ed Harris, Chris Evans, John Hurt, Song Kang-ho, Ko-Ah seong, Tilda Swinton, Alison Pill.

Länge: 126 Minuten.

Deutsche Erstaufführung: 2014.

Die Lehrerin wird gleich auf die Aufständischen schießen.

Um die Erderwärmung mit einem chemischen Kältemittel zu stoppen, kommt es zu einer Eiszeit auf der Erde. Alles Leben erlöscht, nur eine Gruppe von 1000 Menschen gelingt es, in einem Zug namens »Snowpiercer« zu überleben. Der lange Zug ist das Werk von Wilford (Ed Harris), der eine Eisenbahnstrecke rund um die Erde geschaffen hat. Im Zug, der bereits 18 Jahre unterwegs ist, gibt es zwei Klassen. In den hinteren Wagen kauern dicht an dicht die Menschen der Unterschicht. Hier ist das Leben hart und entbehrungsreich. In den vorderen Wagen herrscht der pure Luxus: Für die tägliche Versorgung mit Wasser und Nahrung ist ebenso gesorgt wie für die Unterhaltung mit einer Bibliothek, einer Bar und Diskothek sowie einer Sauna. Auch eine Schule ist eingerichtet worden. Hier unterrichtet die Lehrerin (Alison Pill). Immer wieder kommt es zu Aufständen der Unterdrückten. Eines Tages versuchen Curtis (Chris Evans) und Gilliam (John Hurt) wieder in die vorderen Wagen zu gelangen. Unterwegs treffen sie auf Namgoong (Song Kang-ho) und seine Tochter Yona (Ko Ah-seong), die ihnen helfen, in das nächste Abteil zu gelangen.

Das deutsche Filmplakat von 2014.

Dort treffen sie auf die Ministerin Mason (Tilda Swinton) und ihre Mannen. In dem Kampf, in dem auch die Lehrerin auf Aufständische schießt, kommen zahlreiche Menschen um. Mason wird gefangen genommen. Ein Mitarbeiter von Mason erschießt Gilliam, Curtis erschießt Mason. Nun besteht die Gruppe nur noch aus Curtis, Namgoong und Yona. Als Curtis später Wilford gegenübersteht, erklärt ihm dieser, dass er mit seinem Freund Gilliam den Aufstand geplant hatte, um die Zuginsassen zu dezimieren. Wilford will, dass Curtis sein Nachfolger wird, er sei zu alt. Als Curtis sieht, wie Wilford die entführten Kinder als Ersatzteile für die Maschine missbraucht, streckt er ihn nieder. Namgoong und Yona wollen sich nach draußen sprengen, weil sie vermuten, dass die Eiszeit zurückgeht. Es folgt ein spektakulärer Zusammenstoß vom Snowpiercer mit einer Lawine … Ein Eisbär am Horizont kündigt das Ende der Eiszeit an.

Register

der Filme, die in diesem Buch vorgestellt oder erwähnt werden, nach den Originaltiteln und den deutschen Titeln in alphabetischer Reihenfolge; Artikel und unbestimmte Artikel, gleich in welcher Sprache, werden nicht berücksichtigt.

Abenteuer im Nachtexpress 14
Die Ankunft eines Zuges auf dem Bahnhof in La Ciotat 6

Arlberg Express 46
L´Arrivée d´un train en gare de La Ciotat 6

Background to Danger 39
La Bataille du rail 44
Berlin Express 48
La Bestia humana 31
Bestie Mensch 30
La Bête Humaine 30
Bhowani Junction 70
Der Blaue Express 50
Bloody Song of Freedom 100
Boxcar Bertha 100
Breakheart Pass 112
Brennendes Indien 74
The Bridge on the River Kwai 137
Die Brücke am Kwai 137
Buster 95

Canadian Pacific 52
Cassandra Crossing 118
C´era una volta il West 96
Ceux qui m´aiment prendront le train 132
Colonel von Ryans Express 90
Compartiment tueurs 88
Cruel Train 31

Eine Dame verschwindet 28
Darjeeling Limited 146

The Darjeeling Limited 146
Denver and Rio Grande 60
Double Indemnity 40

Das eiserne Pferd 12
Emperor of the North 106
Die Entführung der U-Bahn Pelham 123 110
Entscheidung in der Weihnachtsnacht 68
Es begann im Blauen Express 50
Express in die Hölle 124

Der Fall Sylvester Matuska 123
Die Faust der Rebellen 100
Das Feuerross 12

The First Great Train Robbery 122
Der fliegende Schotte 18
The Flying Scot 19
The Flying Scotsman 18
Die Frau gehört mir 34
Frau ohne Gewissen 40
Der Fremde im Zug 56
Der Fuchs 11

Gefangen in Rio 95
Geldraub im Nachtexpress 19
Der General 16
The General 16
Die Gentlemen bitten zur Kasse 92
Geschichte von den Gleisen 138
Goluboi ekspresss 50
Der graue Fuchs 11
The Great K&A Train Robbery 11
The Great Locomotive Chase 17
The Great Train Robbery 10, 11
The Grey Fox 11
Der große Eisenbahnraub 10, 122
Der große Eisenbahn-Überfall 10

Die große Reise der Agathe Schweigert 102
Heinrich der Säger 134
High Noon 62
Hugo 154
Hugo Cabret 154
Human Desire 31

Ich kämpfe um dich 42
In geheimer Mission 17
The Iron Horse 12
It Happended to Jane 78

Juwelenraub 19

Kansas Pacific 64
The Kiss in the Tunnel 8
Der kleine Eisenbahnraub 10
Knotenpunkt Bhowani 70
Kongo-Express 33
Der Kuss im Tunnel 8
The Lady Vanishes 28
The Last Bandit 11
Last Train from Gun Hill 72
Der letzte Zug 144
Der letzte Zug von Gun Hill 72
The Little Train Robbery 10

Der Major und das Mädchen 38
The Major and the Minor 38
Manche mögen´s heiß 76
Mit mir nicht, meine Herren 78
Money Train 130
Mord im Fahrpreis inbegriffen 88
Mord im Orientexpress 108

Murder on the Orient Express 108
Murder She Said 80

Napoleon vom Broadway 26
The Narrow Margin 59
The Navigators 138
Nevada Pass 112
Night Passage 71
Noi due senza domani 104
The North West Frontier 74

Die Olsen Bande: Auf den Schienen ist der Teufel los 98
Die Olsen-Bande stellt die Weichen 98
Olsen-banden pa sporet 98
Orient-Express 68

Panik im Tokio-Express 114
Peking Express 58
Podjest Idjot na Wostok 50
The Polar Express 142
Der Polarexpress 142
Prisoner of Rio 95
Rheingold 120
Robbery 94
Runaway Train 124

Salonwagen E 417 36
Schienenschlacht 44
16 Uhr 50 ab Paddington 80
Seolgugyeolcha 156
Shanghai Express 20
Shinkansen Daibakuha 114
The Silver Streak 116
Sin nombre 150
Sin nombre – Zug der Hoffnung 150
Snowpiercer 156
Some Like It Hot 76
Spellbound 42
Spiel mir das Lied vom Tod 96
Spion im Orientexpress 39
Das Stahltier 24

Station Agent 140
The Station Agent 140
Stoppt die Todesfahrt der U-Bahn 123 110
Strangers on a Train 56

The Taking of Pelham One Two Three 110
The Tall Target 57
Terror am Rio Grande 60
Terror by Night 19
3:10 to Yuma 73
A Ticket to Tomahawk 54
Titfield Express 66
The Titfield Thunderbolt 66
To End All Wars 136
Todeszug nach Yuma 73
Tom Mix. The Great K&A Train Robbery 11
Le Train 86, 104
Le Train – nur ein Hauch von Glück 104
The Train 86
Train de vie 133

The Train Killer 123
Trans-Amerika-Express 116
Transsiberian 148
Der Transport 82
Treffpunkt Todesbrücke 118
Il Treno 86
Twentieth Century 26
Twinkle and Shine 78

Überfall 94
Überfall auf Express 44 11
Die Uhr ist abgelaufen 71
El ultimo tren 144
Um Haaresbreite 59
Union Pacific 34
Unstoppable 152
Unstoppable – Außer Kontrolle 152

Verfolgte Wege 128
Verschwörung im Nachtexpress 57
Verschwörung im Nordexpress 56
Viadukt 123
Von Ryan´s Express 90

Wallers letzter Gang 126
Wer mich liebt, nimmt den Zug 132

Zähl bis drei und bete 73
Der Zug 86
Zug des Lebens 133
Ein Zug für zwei Halunken 106
Zugvögel ... einmal nach Inari 131
Die Zwei vom Südexpress 22
Das zweite Gleis 84
12 Stunden Angst 59
12 Uhr mittags 4, 62

Bildnachweis

Seite 3: Fotolia (©) Tatiana Shepeleva; Seite 4: C. Bellingrodt, Slg. H.-G. Kleine, Archiv transpress; Seite 8: Curvy film strip (©) Stockfoto; Seite 18: Fotolia (©) Sergil Denysov; Seite 22: Slg. H.-G. Kleine, Archiv transpress; Seite 24: Archiv transpress; Seite 25: Slg. H. Koppisch, Archiv transpress; Seite 32: Fotolia (©) Billion Photos.com; Seite 36: Slg. H. Koppisch, Archiv transpress; Seite 40: Fotolia (©) Italianphoto agency; Seite 75 (u.): Gkarunakar/Wikimedia Commons; Seite 81:Burkhard Bohn; Seite 83: Sammlung Reinhard Schulz; Seite 85: Burkhard Wollny; Seite 92: Guefie/Wikimedia Commons; Seite 93: C. Bellingrodt, Slg. H.-G. Kleine, Archiv transpress; Seite 94: Fotolia (©) Natalia Merzlyakova; Seite 96: Plate LXV from the book A record of the transportation exhibits at the World's Columbian Exposition of 1893 by James Dredge; Seite 106: Fotolia (©) Andrey Kuzmin; Seite 106/107: Fotolia (©) Petrovich12; Seite 121: Slg. M. Dahlbeck; Seite 126 (u.): Neitram/Wikimedia Commons; Seite 128/129 (Hintergrund): Archiv transpress; Seite 135: Martin Rese; Seite 137: Fotolia (©) Petrovich12

Deutsches Filmmuseum und Deutsches Filminstitut, Frankfurt am Main/Wiesbaden
S. 14, 15, 21, 25 o., 26 o., 28–33, 38, 39, 46, 47 l., 48, 49, 51, 52, 57, 58 l., 61, 64, 68, 69, 74, 75 o., 80, 84, 86–88, 90, 91, 94, 95, 97, 100, 101, 104, 105, 107, 112–121 l., 122–126 o., 127–134, 139–157
Podszun-Verlag (175 Jahre Deutsche Eisenbahn) / Sauschwänzlebahn 82
Eberhard Urban 36 l., 37

Die Nutzungsrechte der Filmplakate, Aushangfotos, Werbefotos und anderer Abbildungen (alte Fotos sind oft von minderer Qualität) lag in der Regel bei den Verleihfirmen zur Werbung für die Filme.
Auch dieses Buch dient der Werbung für die Eisenbahnfilme.
Klaus Dill, von dem einige Filmplakate und Entwürfe gezeigt werden, der mit dem Filmband in Gold für seine Plakate ausgezeichnet wurde, hatte sich die Nutzungsrechte vorbehalten; die Verwaltung seines Nachlasses obliegt Eberhard Urban.
Sollten die Rechte anderer Urheber trotz intensiver Recherche nicht berücksichtigt sein, bitten Autor und Verlag um Nachricht.